序号__________

A

工程数学习题册

（线性代数）

主　编　方晓峰　杨　萍
副主编　王亚林　刘素兵　吴聪伟　彭司萍

队别________　专业________　姓名________　学号________

西安电子科技大学出版社

内容简介

本书主要由习题和参考答案两部分组成，涉及行列式、矩阵及其运算、矩阵的初等变换与线性方程组、向量组的线性相关性、相似矩阵及二次型等内容. 习题主要包括客观题和主观题，其中的重难点习题附有视频讲解，读者可通过手机扫描二维码学习相关知识.

本书分为A、B两册，A册包含各章的奇数节内容，B册包含各章的偶数节内容.

本书可作为高等院校非数学专业的本科生学习“线性代数”课程的同步练习用书，也可作为需要学习线性代数的科技工作者、准备考研的非数学专业的学生及其他读者的参考资料.

图书在版编目(CIP)数据

工程数学习题册. 线性代数 / 方晓峰，杨萍主编. —西安：西安电子科技大学出版社，2022.2(2024.1重印)
ISBN 978-7-5606-6316-6

Ⅰ. ①工… Ⅱ. ①方… ②杨… Ⅲ. ①工程数学—高等学校—习题集 ②线性代数—高等学校—习题集 Ⅳ. ①TB11—44 ②O151.2—44

中国版本图书馆CIP数据核字(2021)第280452号

责任编辑 戚文艳 秦志峰
出版发行 西安电子科技大学出版社(西安市太白南路2号)
电　　话 (029)88202421 88201467 邮　　编 710071
网　　址 www.xduph.com 电子邮箱 xdupfxb001@163.com
经　　销 新华书店
印刷单位 陕西日报印务有限公司
版　　次 2022年2月第1版 2024年1月第3次印刷
开　　本 787毫米×1092毫米 1/16 印 张 11.5
字　　数 259千字
定　　价 32.00元
ISBN 978-7-5606-6316-6/ TB

XDUP 6618001-3

前　言

线性代数是高等教育工科类本科生必修的数学基础课程，该课程的基本概念、基本理论和基本方法与后续课程的学习有紧密联系，线性代数也是全国硕士研究生入学统一考试数学必考的主要内容.

为了让广大读者能更好地学习“线性代数”课程，我们组建了一支具有丰富大学数学教学经验、考研数学和数学竞赛辅导经验的骨干教师团队，依据大学数学课程教学大纲和全国硕士研究生入学统一考试大纲的要求，结合多年从教积累的经验和当前学生的学习特点，精心组织材料，系统归纳整理编写了本书，为读者学习线性代数提供同步训练和辅导，以加深其对线性代数重点、难点知识的消化和理解.

本书共分为五章：行列式、矩阵及其运算、矩阵的初等变换与线性方程组、向量组的线性相关性、相似矩阵及二次型，以 A、B 两册的形式安排，方便学生提交作业. A 册包含各章的奇数节内容，B 册包含各章的偶数节内容.

本书编写特点如下：

(1) 知识体系完整，题型全面. 本书以教学大纲知识点为基础，注重习题设计的多样性和丰富性，题型包括填空题、选择题、计算题和证明题. 习题由浅入深、由易到难，既注重基础知识的掌握，又拓展综合性内容，对进一步巩固和理解非常有用. 同时书后附有参考答案，可以满足学习者自检自测的需求.

(2) 面向需求，化一为二. 本书每章的习题包含基础训练和能力提升两个部分，满足不同层次学习者的需求，提高了学习效率。习题册按照每章的奇偶节分为 A 册和 B 册，极大地方便了师生交替性上交和批阅作业的需求.

(3) 轻轻扫一扫，问题全解决. 针对易于混淆的知识点和重点题型，精心录制了相应的微课视频，供读者随时学习、复习相关知识，使学生对重点题型的把握和书写规范等方面都有了最直接且深入的了解，提高了学生自主学习的积极性.

在编写过程中，我们借鉴和参考了若干国内优秀教材和练习册，在此对相关的作者表示衷心感谢！同时要感谢西安电子科技大学出版社的大力支持和帮助，特别感谢戚文艳编辑对本书出版的专业指导.

由于编者水平有限，书中定有疏漏和不足之处，恳请广大读者批评指正.

编　者

2021 年 10 月

前言

目　　录

第一章 行 列 式

第一节 二阶与三阶行列式

基础训练

一、填空题

1. 二阶行列式$\begin{vmatrix} \cos\theta & -\sin\theta \\ \sin\theta & \cos\theta \end{vmatrix}=$________.

2. 已知二阶行列式$\begin{vmatrix} 1 & x \\ x^2 & 1 \end{vmatrix}=2$，则 $x=$________.

3. 三阶行列式$\begin{vmatrix} a & 0 & 0 \\ 0 & b & c \\ 0 & d & e \end{vmatrix}=$________.

4. 三阶行列式$\begin{vmatrix} a_{11} & a_{12} & a_{13} \\ a_{21} & a_{22} & a_{23} \\ a_{31} & a_{32} & a_{33} \end{vmatrix}$中带负号的项为________________.

5. 三阶行列式$\begin{vmatrix} 2-\lambda & 2 & -2 \\ 2 & 5-\lambda & -4 \\ -2 & -4 & 5-\lambda \end{vmatrix}=0$ 的充要条件为________________.

二、计算题

1. 利用行列式解二元线性方程组$\begin{cases} 2x_1+5x_2=1 \\ 3x_1+7x_2=2 \end{cases}$.

2. 计算下列三阶行列式：

(1) $D_3=\begin{vmatrix} a & a & a \\ 4 & 3 & 2 \\ b & b & b \end{vmatrix}$；

(2) $D_3=\begin{vmatrix} 1+a_1 & 1 & 1 \\ 1 & 1+a_2 & 1 \\ 1 & 1 & 1+a_3 \end{vmatrix}$.

三、证明题

1. 证明：$\begin{vmatrix} a_{11} & a_{12} & a_{13} \\ a_{21} & a_{22} & a_{23} \\ a_{31} & a_{32} & a_{33} \end{vmatrix}=\begin{vmatrix} a_{11} & a_{21} & a_{31} \\ a_{12} & a_{22} & a_{32} \\ a_{13} & a_{23} & a_{33} \end{vmatrix}$.

2. 证明：$\begin{vmatrix} a_{11} & a_{12} & a_{13} \\ a_{21} & a_{22} & a_{23} \\ a_{31} & a_{32} & a_{33} \end{vmatrix} = a_{11}\begin{vmatrix} a_{22} & a_{23} \\ a_{32} & a_{33} \end{vmatrix} - a_{21}\begin{vmatrix} a_{21} & a_{23} \\ a_{31} & a_{33} \end{vmatrix} + a_{31}\begin{vmatrix} a_{21} & a_{22} \\ a_{31} & a_{32} \end{vmatrix}$.

能力提升

1. 求极限$\lim\limits_{x \to 0} \dfrac{\begin{vmatrix} 0 & -\sin x \\ \sin^2 x & 0 \end{vmatrix}}{\begin{vmatrix} \sin x & \cos x \\ x & 1 \end{vmatrix}}$.

2. 设 $f(x)$为一个三次多项式，计算 $D=\begin{vmatrix} f'(a) & f''(a) & f'''(a) \\ f''(a) & f'''(a) & f^{(4)}(a) \\ f'''(a) & f^{(4)}(a) & f^{(5)}(a) \end{vmatrix}$，其中 a 为任意常数.

3. 证明：分式$\dfrac{ax+b}{cx+d}$的值与 x 无关$\Leftrightarrow\begin{vmatrix} a & b \\ c & d \end{vmatrix}=0$，其中 $cd\neq0$.

第三节　n 阶行列式的定义

基础训练

一、填空题

1. n 阶对角行列式 $\begin{vmatrix} \lambda_1 & & & \\ & \lambda_2 & & \\ & & \ddots & \\ & & & \lambda_n \end{vmatrix}=$__________.

2. 四阶行列式 $\begin{vmatrix} a_{11} & a_{12} & a_{13} & a_{14} \\ a_{21} & a_{22} & a_{23} & a_{24} \\ a_{31} & a_{32} & a_{33} & a_{34} \\ a_{41} & a_{42} & a_{43} & a_{44} \end{vmatrix}$ 中带负号且含有因子 $a_{11}a_{23}$ 的项为__________.

3. $f(x)=\begin{vmatrix} x & 1 & 1 & 2 \\ 1 & x & 1 & -1 \\ 3 & 2 & x & 1 \\ 1 & 1 & 2x & 1 \end{vmatrix}$ 中 x^3 项的系数为__________.

二、计算题

1. 计算五阶行列式 $D_5=\begin{vmatrix} a_1 & a_2 & a_3 & a_4 & a_5 \\ b_1 & b_2 & b_3 & b_4 & b_5 \\ 0 & 0 & 0 & c_1 & c_2 \\ 0 & 0 & 0 & d_1 & d_2 \\ 0 & 0 & 0 & e_1 & e_2 \end{vmatrix}$.

2. 计算 n 阶行列式 $D_n=\begin{vmatrix} 0 & \cdots & a_1 & 0 \\ \vdots & & \vdots & \vdots \\ a_{n-1} & \cdots & 0 & 0 \\ 0 & \cdots & 0 & a_n \end{vmatrix}$.

三、证明题

1. 证明:

$$\begin{vmatrix} a_{11} & a_{12} & \cdots & a_{1n} \\ & a_{22} & \cdots & \vdots \\ & & \cdots & a_{n-1,n} \\ & & & a_{nn} \end{vmatrix}=\begin{vmatrix} a_{11} & & & \\ a_{21} & a_{22} & & \\ \vdots & \vdots & \vdots & \\ a_{n1} & \cdots & a_{n,n-1} & a_{nn} \end{vmatrix}=a_{11}a_{22}\cdots a_{nn}$$

2. 证明：

$$\begin{vmatrix} & & & a_1 \\ & & a_2 & \\ & \iddots & & \\ a_n & & & \end{vmatrix} = (-1)^{\frac{n(n-1)}{2}} a_1 a_2 \cdots a_n$$

能力提升

1. 证明：如果在 n 阶行列式 D_n 中，位于某 k 行和某 l 列交叉处的各元素等于零，且 $k+l>n$，则 $D_n=0$.

2. 设 $f_{ij}(x)$是可微函数, i, $j=1,2,\cdots,n$. 令

$$F(x)=\begin{vmatrix} f_{11}(x) & f_{12}(x) & \cdots & f_{1n}(x) \\ f_{21}(x) & f_{22}(x) & \cdots & f_{2n}(x) \\ \vdots & \vdots & & \vdots \\ f_{n1}(x) & f_{n2}(x) & \cdots & f_{nn}(x) \end{vmatrix}$$

证明:

$$\frac{\mathrm{d}}{\mathrm{d}x}F(x)=\sum_{j=1}^{n}\begin{vmatrix} f_{11}(x) & \cdots & \frac{d}{\mathrm{d}x}f_{1j}(x) & \cdots & f_{1n}(x) \\ f_{21}(x) & \cdots & \frac{d}{\mathrm{d}x}f_{2j}(x) & \cdots & f_{2n}(x) \\ \vdots & & \vdots & & \vdots \\ f_{n1}(x) & \cdots & \frac{d}{\mathrm{d}x}f_{nj}(x) & \cdots & f_{nn}(x) \end{vmatrix}$$

3. 已知 n 阶行列式 $\begin{vmatrix} a_{11} & a_{12} & \cdots & a_{1n} \\ a_{21} & a_{22} & \cdots & a_{2n} \\ \vdots & \vdots & & \vdots \\ a_{n1} & a_{n2} & \cdots & a_{nn} \end{vmatrix}=\delta$，且 $b_{ij}=(-1)^{i+j}a_{ij}$，i，$j=1$，2，$\cdots$，n，

求 $\begin{vmatrix} b_{11} & b_{12} & \cdots & b_{1n} \\ b_{21} & b_{22} & \cdots & b_{2n} \\ \vdots & \vdots & & \vdots \\ b_{n1} & b_{n2} & \cdots & b_{nn} \end{vmatrix}$.

第五节　行列式按行(列)展开

基础训练

一、选择题

1. 设行列式 $D=\begin{vmatrix} 2 & 0 & 1 \\ 1 & -4 & -1 \\ -1 & 8 & 3 \end{vmatrix}$，$D$ 的(i,j)元的余子式和代数余子式分别记作 M_{ij} 和 A_{ij}，其中 $i,j=1,2,3$，则(　　).

A. $M_{11}=4$，$A_{11}=4$　　B. $M_{31}=4$，$A_{31}=-4$

C. $M_{23}=-16$，$A_{23}=16$　　D. $M_{32}=-3$，$A_{32}=3$

2. 设行列式 $D=\begin{vmatrix} a & b & c \\ 0 & -1 & 0 \\ c & b & a \end{vmatrix}$，则(　　).

A. $D=\begin{vmatrix} c & b & a \\ 0 & 1 & 0 \\ a & b & c \end{vmatrix}$　　B. $D=\begin{vmatrix} c & b & -a \\ 0 & -1 & 0 \\ -a & b & c \end{vmatrix}$

C. $D=\begin{vmatrix} -c & b & a \\ 0 & 1 & 0 \\ -a & b & c \end{vmatrix}$　　D. $D=\begin{vmatrix} a & b & -c \\ 0 & -1 & 0 \\ c & b & -a \end{vmatrix}$

二、填空题

1. 设 $D=\begin{vmatrix} 1 & 0 & 7 & 8 \\ 1 & 1 & 1 & 1 \\ 2 & 0 & 3 & 6 \\ 1 & 2 & 3 & 4 \end{vmatrix}$，则 $A_{31}+A_{32}+A_{33}+A_{34}=$________，$A_{14}-A_{24}+2A_{44}=$________.

2. 设多项式 $f(x)=\begin{vmatrix} -1 & -1 & 0 & 1 \\ 2 & a & 3 & x \\ 0 & 0 & 0 & x^2 \\ 1 & 2 & 1 & -1 \end{vmatrix}$ 中 x^2 项系数为 2，则 $a=$________.

3. 行列式 $\begin{vmatrix} 1 & 2 & 3 \\ 1 & 4 & 9 \\ 1 & 8 & 27 \end{vmatrix}=$________.

三、计算题

1．计算 n 阶行列式 $D_n=\begin{vmatrix} a & b & 0 & \cdots & 0 & 0 \\ 0 & a & b & \cdots & 0 & 0 \\ 0 & 0 & a & \cdots & 0 & 0 \\ \vdots & \vdots & \vdots & & \vdots & \vdots \\ 0 & 0 & 0 & \cdots & a & b \\ b & 0 & 0 & \cdots & 0 & a \end{vmatrix}$.

2．计算 n 阶行列式 $D_n=\begin{vmatrix} 1 & 2 & 2 & \cdots & 2 \\ 2 & 2 & 2 & \cdots & 2 \\ 2 & 2 & 3 & \cdots & 2 \\ \vdots & \vdots & \vdots & & \vdots \\ 2 & 2 & 2 & \cdots & n \end{vmatrix}$.

3. 计算 $n(n\geqslant3)$ 阶行列式 $D_n=\begin{vmatrix} x_1y_1+1 & x_1y_2 & \cdots & x_1y_n \\ x_2y_1 & x_2y_2+1 & \cdots & x_2y_n \\ \vdots & \vdots & & \vdots \\ x_ny_1 & x_ny_2 & \cdots & x_ny_n+1 \end{vmatrix}$.

四、证明题

1. 证明：$\begin{vmatrix} a^2 & ab & b^2 \\ 2a & a+b & 2b \\ 1 & 1 & 1 \end{vmatrix}=(a-b)^3$.

2. 证明：四阶范德蒙行列式 $V_4=\begin{vmatrix}1&1&1&1\\a_1&a_2&a_3&a_4\\a_1^2&a_2^2&a_3^2&a_4^2\\a_1^3&a_2^3&a_3^3&a_4^3\end{vmatrix}=\prod\limits_{1\leqslant i<j\leqslant 4}(a_j-a_i)$.

能力提升

1. 行列式 $\begin{vmatrix}0&a&b&0\\a&0&0&b\\0&c&d&0\\c&0&0&d\end{vmatrix}=$(　　).

A. $(ad-bc)^2$

B. $-(ad-bc)^2$

C. $a^2d^2-b^2c^2$

D. $b^2c^2-a^2d^2$

2. n 阶行列式 $F_n=\begin{vmatrix}1&1&0&0&\cdots&0\\-1&1&1&0&\ddots&\vdots\\0&-1&1&\ddots&\ddots&0\\0&0&\ddots&\ddots&1&0\\\vdots&\ddots&\ddots&-1&1&1\\0&\cdots&0&0&-1&1\end{vmatrix}=$(　　).

A. $\frac{1}{\sqrt{5}}\left[\left(\frac{1+\sqrt{5}}{2}\right)^n-\left(\frac{1-\sqrt{5}}{2}\right)^n\right]$

B. $\frac{1}{\sqrt{5}}\left[\left(\frac{1-\sqrt{5}}{2}\right)^n-\left(\frac{1+\sqrt{5}}{2}\right)^n\right]$

C. $\frac{1}{\sqrt{5}}\left[\left(\frac{1+\sqrt{5}}{2}\right)^{n+1}-\left(\frac{1-\sqrt{5}}{2}\right)^{n+1}\right]$

D. $\frac{1}{\sqrt{5}}\left[\left(\frac{1-\sqrt{5}}{2}\right)^{n+1}-\left(\frac{1+\sqrt{5}}{2}\right)^{n+1}\right]$

3. 计算行列式 $D_4=\begin{vmatrix}\lambda & -1 & 0 & 0\\ 0 & \lambda & -1 & 0\\ 0 & 0 & \lambda & -1\\ 4 & 3 & 2 & \lambda+1\end{vmatrix}$.

★4. 计算 n 阶行列式 $D_n=\begin{vmatrix}1 & 2 & 3 & \cdots & n-1 & n\\ x & 1 & 2 & \cdots & n-2 & n-1\\ x & x & 1 & \cdots & n-3 & n-2\\ \vdots & \vdots & \vdots & & \vdots & \vdots\\ x & x & x & \cdots & 1 & 2\\ x & x & x & \cdots & x & 1\end{vmatrix}$.

5. 计算 n 阶行列式 $D_n=\begin{vmatrix} x & a & a & \cdots & a \\ -a & x & a & \cdots & a \\ -a & -a & x & \cdots & a \\ \vdots & \vdots & \vdots & & \vdots \\ -a & -a & -a & \cdots & x \end{vmatrix}$.

6. 已知函数 $f(x)$，$g(x)$，$h(x)$均可导，证明：存在一点 $\xi\in(a,b)$，使得

$$\begin{vmatrix} f(a) & g(a) & h(a) \\ f(b) & g(b) & h(b) \\ f'(\xi) & g'(\xi) & h'(\xi) \end{vmatrix}=0$$

★7. 如图 1.1 所示，设平行四边形 $OABC$ 顶点 A，C 的坐标分别为(a,b)和(c,d)，平行六面体 $OA_1B_1C_1-O_2A_2B_2C_2$ 顶点 A_1,C_1,O_2 的坐标分别为(a_{11},a_{12},a_{13})，(a_{21},a_{22},a_{23})和(a_{31},a_{32},a_{33}). 记平行四边形 $OABC$ 的面积为 S，平行六面体 $OA_1B_1C_1-O_2A_2B_2C_2$ 的体积为 V，$D_2=\begin{vmatrix} a & b \\ c & d \end{vmatrix}$，$D_3=\begin{vmatrix} a_{11} & a_{12} & a_{13} \\ a_{21} & a_{22} & a_{23} \\ a_{31} & a_{32} & a_{33} \end{vmatrix}$，证明：(1) $S=|D_2|$；(2) $V=|D_3|$.

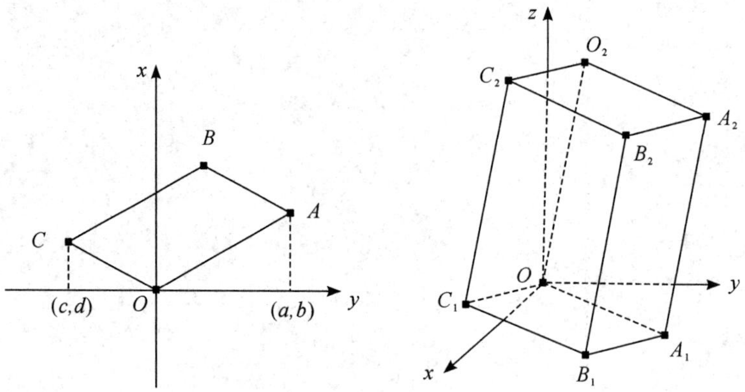

图 1.1　平行四边形和平行六面体

第二章　矩阵及其运算

第一节　线性方程组和矩阵

基础训练

一、填空题

1. 线性方程组$\begin{cases}3x_1-x_2+x_3=1\\x_1+x_2-2x_3=1\\-x_1+x_2-x_3=2\end{cases}$的系数矩阵为____________，增广矩阵为____________.

2. 设矩阵 $\boldsymbol{A}=(a_{ij})_{m\times n}$，$\boldsymbol{B}=(b_{ij})_{s\times t}$，若 $\boldsymbol{A}$ 与 $\boldsymbol{B}$ 为同型矩阵，则____________；若 $\boldsymbol{A}=\boldsymbol{B}$，则____________.

3. ____________的矩阵称为零矩阵，记作____________；____________的矩阵称为单位矩阵，记作____________.

4. 四个城市间的单向航线如图 2.1 所示. 令 $a_{ij}=\begin{cases}1，从\ i\ 市到\ j\ 市有\ 1\ 条单向航线\\0，从\ i\ 市到\ j\ 市没有单向航线\end{cases}$，则图 2.1 可用矩阵表示为____________.

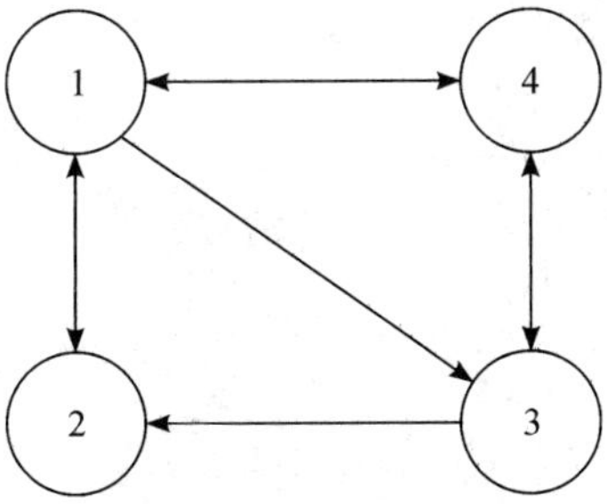

图 2.1　城市航线图

二、计算题

1. 有甲、乙、丙三种化肥，甲种化肥每千克含氮 70 g、磷 8 g、钾 2 g；乙种化肥每千克含氮 64 g、磷 10 g、钾 0.6 g；丙种化肥每千克含氮 70 g、磷 5 g、钾 1.4 g. 若把此三种化肥混合，要求总重量 23 kg 且含磷 149 g、钾 30 g. 写出三种化肥重量(单位：kg)满足的方程组，并指出该方程组的常数项矩阵.

2. 写出线性变换$\begin{cases} x' = x\cos\theta - y\sin\theta \\ y' = x\sin\theta + y\cos\theta \end{cases}$对应的矩阵，并指出该线性变换的含义.

能力提升

★1. 设 $y_1=f_1(x_1,x_2,\cdots,x_n),\cdots,y_n=f_n(x_1,x_2,\cdots,x_n)$ 均为 n 元实值函数，且对 $\forall f_i$ $(i=1,2,\cdots,n)$，每个自变量 x_j 都存在偏导数 $\dfrac{\partial f_i}{\partial x_j}(j=1,2,\cdots,n)$，则称 n 阶矩阵

$$\begin{pmatrix} \dfrac{\partial f_1}{\partial x_1} & \dfrac{\partial f_1}{\partial x_2} & \cdots & \dfrac{\partial f_1}{\partial x_n} \\ \dfrac{\partial f_2}{\partial x_1} & \dfrac{\partial f_2}{\partial x_2} & \cdots & \dfrac{\partial f_2}{\partial x_n} \\ \vdots & \vdots & & \vdots \\ \dfrac{\partial f_n}{\partial x_1} & \dfrac{\partial f_n}{\partial x_2} & \cdots & \dfrac{\partial f_n}{\partial x_n} \end{pmatrix}$$

为函数组 $f_1,f_2,\cdots,f_n$ 对变元 $x_1,x_2,\cdots,x_n$ 的雅可比矩阵. 称行列式

$$\frac{\partial(f_1,f_2,\cdots,f_n)}{\partial(x_1,x_2,\cdots,x_n)}=\begin{vmatrix} \dfrac{\partial f_1}{\partial x_1} & \dfrac{\partial f_1}{\partial x_2} & \cdots & \dfrac{\partial f_1}{\partial x_n} \\ \dfrac{\partial f_2}{\partial x_1} & \dfrac{\partial f_2}{\partial x_2} & \cdots & \dfrac{\partial f_2}{\partial x_n} \\ \vdots & \vdots & & \vdots \\ \dfrac{\partial f_n}{\partial x_1} & \dfrac{\partial f_n}{\partial x_2} & \cdots & \dfrac{\partial f_n}{\partial x_n} \end{vmatrix}$$

为函数组 $f_1,f_2,\cdots,f_n$ 对变元 $x_1,x_2,\cdots,x_n$ 的雅可比行列式.

若已知

$$x=r\sin\varphi\cos\theta,\ y=r\sin\varphi\sin\theta,\ z=r\cos\varphi$$

（1）求函数组 x,y,z 对变元 r,φ,θ 的雅可比矩阵；

（2）计算 $\dfrac{\partial(x,y,z)}{\partial(r,\varphi,\theta)}$.

2. 设 n 元实值函数 $y=f(x_1,x_2,\cdots,x_n)$ 在点 $a=(a_1,a_2,\cdots,a_n)$ 的邻域内至少是二阶连续可微的，则称由 f 在点 a 的二阶偏导数组成的 n 阶矩阵

$$\boldsymbol{H}_f(a)=\begin{pmatrix} \dfrac{\partial^2 f}{\partial x_1^2}(a) & \dfrac{\partial^2 f}{\partial x_1 \partial x_2}(a) & \cdots & \dfrac{\partial^2 f}{\partial x_1 \partial x_n}(a) \\ \dfrac{\partial^2 f}{\partial x_2 \partial x_1}(a) & \dfrac{\partial^2 f}{\partial x_2^2}(a) & \cdots & \dfrac{\partial^2 f}{\partial x_2 \partial x_n}(a) \\ \vdots & \vdots & & \vdots \\ \dfrac{\partial^2 f}{\partial x_n \partial x_1}(a) & \dfrac{\partial^2 f}{\partial x_n \partial x_2}(a) & \cdots & \dfrac{\partial^2 f}{\partial x_n^2}(a) \end{pmatrix}$$

为 f 在点 a 的海赛矩阵. 若已知

$$f(x_1,x_2,x_3)=-5x_1^2-6x_2^2-4x_3^2+4x_1x_2+4x_1x_3$$

求 $\boldsymbol{H}_f(1,2,1)$.

第三节　逆　矩　阵

基础训练

一、选择题

1. 设 A 为 n 阶可逆矩阵，则下列结论不正确的为(　　).

A. $(A^2)^{-1}=(A^{-1})^2$　　　　B. $(A^{-1})^{\mathrm{T}}=(A^{\mathrm{T}})^{-1}$

C. $|A^{-1}|=|A|^{-1}$　　　　D. $(3A)^{-1}=3A^{-1}$

2. 设 A 为 $n(n\geqslant 2)$ 阶可逆矩阵，A^* 为 A 的伴随矩阵，则(　　).

A. $(A^*)^{-1}=|A^{-1}|A$　　　　B. $(A^*)^{-1}=|A|A$

C. $(A^*)^{-1}=|A^{-1}|A^{-1}$　　　　D. $(A^*)^{-1}=|A|A^{-1}$

3. 设 A，B 均为 n 阶可逆矩阵，则下列式子成立的是(　　).

A. $(A+B)^{-1}=A^{-1}+B^{-1}$　　　　B. $(AB)^{-1}=B^{-1}A^{-1}$

C. $|A^{-1}B|=|B^{-1}A|$　　　　D. $(A^{\mathrm{T}}B^{\mathrm{T}})^{-1}=(B^{-1}A^{-1})^{\mathrm{T}}$

二、填空题

1. 已知矩阵 $B=\begin{pmatrix}1&2\\1&0\end{pmatrix}$，$C=\begin{pmatrix}1&2\\3&4\end{pmatrix}$，且 $BAC=E$，则 $A^{-1}=$________.

2. 已知 $\Lambda=\mathrm{diag}\left(\cos\dfrac{\pi}{3},\sin\dfrac{\pi}{6},\tan\dfrac{\pi}{4}\right)$，则 $\Lambda^{-1}=$________.

3. 设 $A=E-\alpha\alpha^{\mathrm{T}}$，$B=E+a\alpha\alpha^{\mathrm{T}}$，其中 $\alpha=\left(\dfrac{1}{2},0,\cdots,0,\dfrac{1}{2}\right)^{\mathrm{T}}$ 是 n 维列向量，E 为 n 阶单位矩阵，若 $A^{-1}=B$，则 $a=$________.

4. 已知从变量 x，y 到变量 x'，y' 的线性变换为 $\begin{cases}x'=x\cos\theta-y\sin\theta\\y'=x\sin\theta+y\cos\theta\end{cases}$，则从变量 x'，y' 到变量 x，y 的线性变换为________.

5. 已知 $A=\begin{pmatrix}a&b\\b&a\end{pmatrix}(a\neq b)$，且 $A^2+AB+A=O$，则 $B=$________.

6. 设 A 为三阶方阵，A^* 为 A 的伴随矩阵，且 $|A|=\dfrac{1}{8}$，则 $\left|\left(\dfrac{1}{3}A\right)^{-1}-8A^*\right|=$________.

7. 已知 $P=\begin{pmatrix}1&1\\0&1\end{pmatrix}$，$\Lambda=\begin{pmatrix}-1&0\\0&1\end{pmatrix}$，且 $AP=P\Lambda$，则 $A^8-A+E=$________.

8. 四阶矩阵 $\begin{pmatrix}1&1&1&1\\x_1&x_2&x_3&x_4\\x_1^2&x_2^2&x_3^2&x_4^2\\x_1^3&x_2^3&x_3^3&x_4^3\end{pmatrix}$ 可逆的充要条件为________.

三、计算题

1. 已知 $\boldsymbol{A}=\begin{pmatrix}2 & -2 & 0\\ 3 & -1 & 3\\ 1 & -2 & -3\end{pmatrix}$，求 $\boldsymbol{A}^{-1}$.

2. 解下列矩阵方程：

(1) $\begin{pmatrix}2 & -2 & 0\\ 3 & -1 & 3\\ 1 & -2 & -3\end{pmatrix}\boldsymbol{X}=\begin{pmatrix}2\\ 1\\ 2\end{pmatrix}$；

(2) $\begin{pmatrix}2 & -2 & 0\\ 3 & -1 & 3\\ 1 & -2 & -3\end{pmatrix}\boldsymbol{Y}=\begin{pmatrix}1 & 2\\ 2 & 1\\ 1 & 2\end{pmatrix}$.

★3. 已知 $\boldsymbol{AX}+\boldsymbol{E}=\boldsymbol{A}^2+\boldsymbol{X}$，且 $\boldsymbol{A}=\begin{pmatrix}1&0&1\\0&2&0\\1&0&1\end{pmatrix}$，求 $\boldsymbol{X}$.

4. 设矩阵 $\boldsymbol{A}$ 的伴随矩阵 $\boldsymbol{A}^*=\mathrm{diag}(2,2,4)$，且 $\boldsymbol{ABA}^{-1}=\boldsymbol{BA}^{-1}-\boldsymbol{E}$，求 $\boldsymbol{B}$.

四、证明题

★1. 设方阵 $\boldsymbol{A}$ 满足 $\boldsymbol{A}^2-\boldsymbol{A}-2\boldsymbol{E}=\boldsymbol{O}$，证明 $\boldsymbol{A}$ 与 $\boldsymbol{A}+2\boldsymbol{E}$ 均可逆，并求 $\boldsymbol{A}^{-1}$ 与 $(\boldsymbol{A}+2\boldsymbol{E})^{-1}$.

2. 已知 n 阶矩阵 $\boldsymbol{A}=\begin{pmatrix} & & & a_1 \\ & & a_2 & \\ & \iddots & & \\ a_n & & & \end{pmatrix}$，证明 $\boldsymbol{A}^{-1}=\begin{pmatrix} & & & \frac{1}{a_n} \\ & & \frac{1}{a_{n-1}} & \\ & \iddots & & \\ \frac{1}{a_1} & & & \end{pmatrix}$，其中 $\prod_{i=1}^{n} a_i \neq 0$.

能力提升

1. 已知 n 阶矩阵 $\boldsymbol{A}=\begin{pmatrix} 1 & 1 & 0 & \cdots & 0 \\ 0 & 1 & 1 & \cdots & 0 \\ \vdots & \vdots & \vdots & & \vdots \\ 0 & 0 & 0 & \cdots & 1 \\ 0 & 0 & 0 & \cdots & 1 \end{pmatrix}$，求 $\boldsymbol{A}^{-1}$.

2. 已知 $\boldsymbol{J}$ 是元素全为 1 的 $n(n\geqslant 2)$ 阶矩阵. 证明：$(\boldsymbol{E}-\boldsymbol{J})^{-1}=\boldsymbol{E}-\dfrac{1}{n-1}\boldsymbol{J}$，其中 $\boldsymbol{E}$ 为 n 阶单位矩阵.

3. 设 $n(n\geqslant 2)$阶矩阵 $\boldsymbol{A}$ 的伴随矩阵为 $\boldsymbol{A}^*$，证明：

(1) $|\boldsymbol{A}^*|=|\boldsymbol{A}|^{n-1}$；

(2) 若 $\boldsymbol{A}$ 可逆，则 $\boldsymbol{A}^*$ 也可逆，且 $(\boldsymbol{A}^*)^{-1}=(\boldsymbol{A}^{-1})^*$.

第五节　矩阵分块法

基础训练

一、填空题

1. 设$\boldsymbol{\alpha}$, $\boldsymbol{\beta}$, $\boldsymbol{\gamma}$, $\boldsymbol{\eta}$均为三维列向量，记$\boldsymbol{A}=(\boldsymbol{\alpha}, \boldsymbol{\beta}, \boldsymbol{\gamma})$, $\boldsymbol{B}=(\boldsymbol{\alpha}, \boldsymbol{\beta}, \boldsymbol{\eta})$，则$\boldsymbol{A}^{\mathrm{T}}=$__________，$\boldsymbol{A}+\boldsymbol{B}=$__________，$\boldsymbol{A}^{\mathrm{T}}\boldsymbol{B}=$__________.

2. 设$\boldsymbol{\alpha}$, $\boldsymbol{\beta}$, $\boldsymbol{\gamma}$, $\boldsymbol{\eta}$均为三维列向量，记$\boldsymbol{A}=(\boldsymbol{\alpha}, \boldsymbol{\gamma}, \boldsymbol{\eta})$，$\boldsymbol{B}=(\boldsymbol{\beta}, 2\boldsymbol{\gamma}, \boldsymbol{\eta})$. 若$|\boldsymbol{A}|=3$，$|\boldsymbol{B}|=4$，则$|\boldsymbol{A}+\boldsymbol{B}|=$________.

★3. 已知$\boldsymbol{A}=\begin{pmatrix} 3 & 2 & 0 & 0 \\ 4 & 3 & 0 & 0 \\ 0 & 0 & 2 & 0 \\ 0 & 0 & 2 & 2 \end{pmatrix}$，则$|\boldsymbol{A}^8|=$__________，$\boldsymbol{A}^4=$__________，$\boldsymbol{A}^{-1}=$__________.

4. 若$\boldsymbol{A}$为m阶可逆矩阵，$\boldsymbol{B}$为n阶可逆矩阵，则$\begin{pmatrix} & \boldsymbol{A} \\ \boldsymbol{B} & \end{pmatrix}^{-1}=$__________.

二、计算题

1. 已知$\boldsymbol{A}$为$m\times n$矩阵，$\boldsymbol{B}$为$n\times m$矩阵，$\boldsymbol{E}_m$和$\boldsymbol{E}_n$分别为m阶和n阶单位阵，求

(1) $\begin{pmatrix} \boldsymbol{E}_n & \boldsymbol{B} \\ \boldsymbol{A} & \boldsymbol{E}_m \end{pmatrix}\begin{pmatrix} \boldsymbol{E}_n & \boldsymbol{O} \\ -\boldsymbol{A} & \boldsymbol{E}_m \end{pmatrix}$;

(2) $\begin{pmatrix} \boldsymbol{E}_n & \boldsymbol{B} \\ \boldsymbol{A} & \boldsymbol{E}_m \end{pmatrix}\begin{pmatrix} \boldsymbol{E}_n & -\boldsymbol{B} \\ \boldsymbol{O} & \boldsymbol{E}_m \end{pmatrix}$.

2. 已知 $\boldsymbol{A}=\begin{pmatrix}1&0&0&1&2&3\\0&1&0&3&2&1\\0&0&1&2&1&3\\0&0&0&1&0&0\\0&0&0&0&1&0\\0&0&0&0&0&1\end{pmatrix}$，求 $\boldsymbol{A}^n$，$n\in\mathbf{N}_+$.

3. 已知 $\boldsymbol{A}=\begin{pmatrix}0&0&-1&0&0\\0&1&0&0&0\\2&0&0&0&0\\0&0&0&2&1\\0&0&0&5&3\end{pmatrix}$，求 $\boldsymbol{A}^{-1}$.

能力提升

★1. 设 $\boldsymbol{A}$，$\boldsymbol{B}$ 均为 2 阶矩阵，$\boldsymbol{A}^*$，$\boldsymbol{B}^*$ 分别为 $\boldsymbol{A}$，$\boldsymbol{B}$ 的伴随矩阵，若 $|\boldsymbol{A}|=2$，$|\boldsymbol{B}|=3$，则分块矩阵 $\begin{pmatrix} & \boldsymbol{A} \\ \boldsymbol{B} & \end{pmatrix}$ 的伴随矩阵为(　　).

A. $\begin{bmatrix} & 3\boldsymbol{B}^* \\ 2\boldsymbol{A}^* & \end{bmatrix}$　　B. $\begin{bmatrix} & 2\boldsymbol{B}^* \\ 3\boldsymbol{A}^* & \end{bmatrix}$

C. $\begin{bmatrix} & 3\boldsymbol{A}^* \\ 2\boldsymbol{B}^* & \end{bmatrix}$　　D. $\begin{bmatrix} & 2\boldsymbol{A}^* \\ 3\boldsymbol{B}^* & \end{bmatrix}$

★2. 已知 $\boldsymbol{A}$ 为 $m\times n$ 矩阵，$\boldsymbol{B}$ 为 $n\times m$ 矩阵，$\boldsymbol{E}_m$ 和 $\boldsymbol{E}_n$ 分别为 m 阶和 n 阶单位阵，证明：

(1) $\begin{vmatrix} \boldsymbol{E}_n & \boldsymbol{B} \\ \boldsymbol{A} & \boldsymbol{E}_m \end{vmatrix} = |\boldsymbol{E}_m-\boldsymbol{AB}|$；

(2) $\begin{vmatrix} \boldsymbol{E}_n & \boldsymbol{B} \\ \boldsymbol{A} & \boldsymbol{E}_m \end{vmatrix} = |\boldsymbol{E}_n-\boldsymbol{BA}|$；

(3) $|\boldsymbol{E}_m-\boldsymbol{AB}|=|\boldsymbol{E}_n-\boldsymbol{BA}|$.

★3. 计算 n 阶行列式 $D_n=\begin{vmatrix} 1+a_1-b_1 & a_1-b_2 & \cdots & a_1-b_{n-1} & a_1-b_n \\ a_2-b_1 & 1+a_2-b_2 & \cdots & a_2-b_{n-1} & a_2-b_n \\ \vdots & \vdots & & \vdots & \vdots \\ a_{n-1}-b_1 & a_{n-1}-b_2 & \cdots & 1+a_{n-1}-b_{n-1} & a_{n-1}-b_n \\ a_n-b_1 & a_n-b_2 & \cdots & a_n-b_{n-1} & 1+a_n-b_n \end{vmatrix}$.

第三章　矩阵的初等变换与线性方程组

第一节　矩阵的初等变换

基础训练

一、选择题

1. 矩阵$\begin{pmatrix}1 & -1\\ 3 & 2\end{pmatrix}$的标准形为(　　).

A. $\begin{pmatrix}1 & 1\\ 1 & 1\end{pmatrix}$　　B. $\begin{pmatrix}1 & 0\\ 0 & 1\end{pmatrix}$　　C. 0　　D. 1

2. $\begin{pmatrix}0 & 2 & -3 & 1\\ 0 & 3 & -4 & 3\\ 0 & 4 & -7 & -1\end{pmatrix}$的行最简形为(　　).

A. $\begin{pmatrix}0 & 1 & 0 & 5\\ 0 & 0 & 1 & 3\\ 0 & 0 & 0 & 0\end{pmatrix}$　　B. $\begin{pmatrix}0 & 1 & 0 & 0\\ 0 & 0 & 1 & 3\\ 0 & 0 & 0 & 1\end{pmatrix}$

C. $\begin{pmatrix}1 & 0 & 0 & 0\\ 0 & 0 & 1 & 0\\ 0 & 0 & 0 & 0\end{pmatrix}$　　D. $\begin{pmatrix}1 & 1 & 0 & 0\\ 0 & 0 & 0 & 0\\ 0 & 0 & 0 & 0\end{pmatrix}$

3. 下列矩阵中(　　)不是初等矩阵.

A. $\begin{pmatrix}0 & 0 & 1\\ 0 & 1 & 0\\ 1 & 0 & 0\end{pmatrix}$　　B. $\begin{pmatrix}1 & 0 & 0\\ 0 & 1 & 0\\ 0 & 0 & -1\end{pmatrix}$

C. $\begin{pmatrix}1 & 0 & 0\\ 0 & 3 & 0\\ 0 & 0 & 1\end{pmatrix}$　　D. $\begin{pmatrix}1 & 0 & 0\\ 0 & 1 & -4\\ 0 & 0 & -1\end{pmatrix}$

4. 设$\boldsymbol{A}$为三阶方阵，将$\boldsymbol{A}$的第2列加到第1列得到矩阵$\boldsymbol{B}$，再交换矩阵$\boldsymbol{B}$的第2行与第3行得单位矩阵$\boldsymbol{E}$，记$\boldsymbol{P}_1=\begin{pmatrix}1 & 0 & 0\\ 1 & 1 & 0\\ 0 & 0 & 1\end{pmatrix}$，$\boldsymbol{P}_2=\begin{pmatrix}1 & 0 & 0\\ 0 & 0 & 1\\ 0 & 1 & 0\end{pmatrix}$，则$\boldsymbol{A}=$(　　).

A. $\boldsymbol{P}_1\boldsymbol{P}_2$　　B. $\boldsymbol{P}_1^{-1}\boldsymbol{P}_2$　　C. $\boldsymbol{P}_2\boldsymbol{P}_1$　　D. $\boldsymbol{P}_2\boldsymbol{P}_1^{-1}$

二、判断题

1. 一个矩阵的行阶梯形、行最简形及标准形矩阵都是唯一的.　(　　)

2. 对于 $m\times n$ 矩阵 $\boldsymbol{A}$，总可经过初等行变换，把它化为标准形 $\boldsymbol{F}=\begin{pmatrix}\boldsymbol{E}_r & \boldsymbol{O}\\ \boldsymbol{O} & \boldsymbol{O}\end{pmatrix}_{m\times n}$.　(　　)

3. 初等矩阵的转置仍为初等矩阵.　(　　)

三、计算题

1. 用初等行变换将下列矩阵化为行最简形.

(1) $\begin{pmatrix}1 & -1\\ 3 & 2\end{pmatrix}$;

(2) $\begin{pmatrix}1 & 0 & 2 & -1\\ 2 & 0 & 3 & 1\\ 3 & 0 & 4 & 3\end{pmatrix}$.

2. 试利用矩阵的初等行变换，求方阵$\begin{pmatrix} 3 & 2 & 1 \\ 3 & 1 & 5 \\ 3 & 2 & 3 \end{pmatrix}$的逆矩阵.

★3. 设 $\boldsymbol{A}=\begin{pmatrix} 1 & -1 & 0 \\ 0 & 1 & -1 \\ -1 & 0 & 1 \end{pmatrix}$，$\boldsymbol{AX}=2\boldsymbol{X}+\boldsymbol{A}$，求 $\boldsymbol{X}$.

能力提升

★1. 设 $\boldsymbol{A}$ 是 3 阶可逆矩阵，将 $\boldsymbol{A}$ 的第 1 行和第 2 行互换后得到矩阵 $\boldsymbol{B}$，其中 $\boldsymbol{A}^{-1}=\begin{pmatrix} a_{11} & a_{12} & a_{13} \\ a_{21} & a_{22} & a_{23} \\ a_{31} & a_{32} & a_{33} \end{pmatrix}$，则 $\boldsymbol{B}$ 可逆，且 $\boldsymbol{B}^{-1}=$__________.

2. 设 $\boldsymbol{A}$ 是 3 阶矩阵，将 $\boldsymbol{A}$ 的第 2 行加到第 1 行得 $\boldsymbol{B}$，再将 $\boldsymbol{B}$ 的第 1 列的(−1)倍加到第 2 列得 $\boldsymbol{C}$，记 $\boldsymbol{P}=\begin{pmatrix} 1 & 1 & 0 \\ 0 & 1 & 0 \\ 0 & 0 & 1 \end{pmatrix}$，则(　　).

A. $\boldsymbol{C}=\boldsymbol{P}^{-1}\boldsymbol{A}\boldsymbol{P}$　　B. $\boldsymbol{C}=\boldsymbol{P}\boldsymbol{A}\boldsymbol{P}^{-1}$

C. $\boldsymbol{C}=\boldsymbol{P}^{\mathrm{T}}\boldsymbol{A}\boldsymbol{P}$　　D. $\boldsymbol{C}=\boldsymbol{P}\boldsymbol{A}\boldsymbol{P}^{\mathrm{T}}$

3. $\boldsymbol{A}$ 为 $n(n\geqslant 2)$ 阶可逆阵，交换 $\boldsymbol{A}$ 的第 1 行与第 2 行得到矩阵 $\boldsymbol{B}$，$\boldsymbol{A}^*$，$\boldsymbol{B}^*$ 分别为 $\boldsymbol{A}$，$\boldsymbol{B}$ 的伴随矩阵，则(　　).

A. 交换 $\boldsymbol{A}^*$ 的第 1 列与第 2 列得 $\boldsymbol{B}^*$　　B. 交换 $\boldsymbol{A}^*$ 的第 1 行与第 2 行得 $\boldsymbol{B}^*$

C. 交换 $\boldsymbol{A}^*$ 的第 1 列与第 2 列得 $-\boldsymbol{B}^*$　　D. 交换 $\boldsymbol{A}^*$ 的第 1 行与第 2 行得 $-\boldsymbol{B}^*$

4. 设 $\boldsymbol{A}$，$\boldsymbol{B}$ 为 $m\times n$ 矩阵，证明：

(1) $\boldsymbol{A}$ 与 $\boldsymbol{B}$ 等价的充要条件是 $\boldsymbol{A}$ 与 $\boldsymbol{B}$ 有相同的标准形.

(2) $\boldsymbol{A}=\begin{pmatrix} 0 & 1 & 2 \\ 1 & 1 & -4 \\ 2 & -1 & 0 \end{pmatrix}$ 与 $\boldsymbol{B}=\begin{pmatrix} 1 & 0 & 0 \\ 0 & 1 & 0 \\ 3 & 2 & 1 \end{pmatrix}$ 等价.

第三节　线性方程组的解

基础训练

一、填空题

1. $\boldsymbol{A}_{m\times n}\boldsymbol{x}=\boldsymbol{b}$ 有唯一解的充分必要条件是________，有无穷多解的充分必要条件是________.

2. $\boldsymbol{A}_{m\times n}\boldsymbol{x}=\boldsymbol{0}$ 只有零解的充分必要条件是________，有非零解的充分必要条件是________.

3. 若 $\boldsymbol{A}_{m\times n}\boldsymbol{x}=\boldsymbol{0}$ 只有零解，则 m，n 的大小关系为________.

★4. 方程组$\begin{cases}x_1-x_2=b_1\\x_2-x_3=b_2\\x_3-x_4=b_3\\x_4-x_1=b_4\end{cases}$有解的充要条件是________________.

5. 若 $|\boldsymbol{A}|=0$，则 $\boldsymbol{A}_{n\times n}\boldsymbol{x}=\boldsymbol{b}$ 的解的情况为________________.

二、选择题

1. 4 元线性方程组$\begin{cases}2x_2-3x_3+x_4=2\\x_4=3\end{cases}$，自由未知量的个数为(　　).

A. 1　　B. 2　　C. 3　　D. 4

2. 设 $R(\boldsymbol{A})=r$，则方程组 $\boldsymbol{A}_{m\times n}\boldsymbol{x}=\boldsymbol{b}$(　　).

A. 当 $r=m$ 时有解　　B. 当 $r=n$ 时有唯一解

C. 当 $m=n$ 时有唯一解　　D. 当 $r<n$ 时有无穷多解

3. 设矩阵 $\boldsymbol{A}_{m\times n}$ 的秩 $R(\boldsymbol{A})=n$，则非齐次线方程组 $\boldsymbol{A}\boldsymbol{x}=\boldsymbol{b}$(　　).

A. 一定无解　　B. 可能有解

C. 一定有唯一解　　D. 一定有无穷多解

4. 若非齐次线性方程组 $\boldsymbol{A}\boldsymbol{x}=\boldsymbol{b}$ 有无穷多解，则方程组$\begin{cases}\boldsymbol{A}\boldsymbol{x}=\boldsymbol{b}\\\boldsymbol{A}\boldsymbol{x}=\boldsymbol{0}\end{cases}$必然(　　).

A. 有无穷多解　　B. 无解

C. 有唯一解　　D. 解的情况不定

5. 设方程组$\begin{cases}x_1+3x_2+x_3=1\\x_1-5x_2-x_3=b\\2x_1+2x_2+x_3=2\end{cases}$有无穷多解，则必有(　　).

A. $b=1$　　B. $b=-1$

C. $b=2$　　D. $b=-2$

三、计算题

1. 求解齐次线性方程组$\begin{cases} x_1-2x_2+x_3+x_4=0 \\ x_1-2x_2+x_3-x_4=0 \\ x_1-2x_2+x_3+5x_4=0 \end{cases}$

2. 求解下列非齐次线性方程组:

(1) $\begin{cases} 4x_1+2x_2-x_3=2 \\ 3x_1-x_2+2x_3=10 \\ 11x_1+3x_2=8 \end{cases}$

(2) $\begin{cases} 2x+3y+z=4 \\ x-2y+4z=-5 \\ 3x+8y-2z=13 \\ 4x-y+9z=-6 \end{cases}$

★3. 设$\begin{cases} x_1+x_2-x_3=1 \\ 2x_1+3x_2+\lambda x_3=3 \\ x_1+\lambda x_2+3x_3=2 \end{cases}$，问：

(1) λ 何值时，此方程组有唯一解；

(2) λ 何值时，此方程组无解；

(3) λ 何值时，此方程组有无穷多解，并求其通解.

能力提升

1. 下列叙述错误的是(　　).

A. 当 $m<n$ 时，方程组 $A_{m\times n}x=b$ 仍可能无解

B. $A_{n\times n}x=b$ 可能无解或有唯一解，但不能有无穷多解

C. $Ax=b$ 有无穷多解是 $Ax=0$ 有非零解的充分非必要条件

D. $m>n$，方程组 $A_{m\times n}x=b$ 仍可能有解

★2. 设 A 是 $m\times n$ 矩阵，$Ax=0$ 是非齐次线性方程组 $Ax=b$ 所对应的齐次线性方程组，则下列结论正确的是(　　)

A. 若 $Ax=0$ 仅有零解，则 $Ax=b$ 有唯一解

B. 若 $Ax=0$ 有非零解，则 $Ax=b$ 有无穷多解

C. 若 $Ax=b$ 有无穷多解，则 $Ax=0$ 仅有零解

D. 若 $Ax=b$ 有无穷多解，则 $Ax=0$ 有非零解

★3. 设 $A=\begin{pmatrix}1&0&-1\\0&2&0\\-1&0&1\end{pmatrix}$，$\lambda$ 为常数，若存在 $x_{3\times1}\neq0$，使 $Ax=\lambda x$，则 λ 的值为(　　).

A. $\lambda=0$　　　　B. $\lambda=2$

C. $\lambda=0$ 或 $\lambda=2$　　　　D. $\lambda=1$

4. 已知线性方程组 $\begin{cases}x_1+x_2=1\\x_1-x_3=1\\x_1+ax_2+x_3=b\end{cases}$，

(1) 常数 a，b 取何值时，方程组有无穷多解、唯一解、无解？

（2）有无穷多解时，求出其通解.

5. 设 a，b，c 互不相同，证明：方程组$\begin{cases} x_1+x_2=1 \\ ax_1+bx_2=c \\ a^2x_1+b^2x_2=c^2 \end{cases}$ 无解.

第四章　向量组的线性相关性

第一节　向量组及其线性组合

基础训练

一、填空题

1. n 维单位向量组 $\boldsymbol{e}_1,\boldsymbol{e}_2,\cdots,\boldsymbol{e}_n$ 均可由向量组 $\boldsymbol{\alpha}_1,\boldsymbol{\alpha}_2,\cdots,\boldsymbol{\alpha}_s$ 线性表示，则 s 与 n 的大小关系为________.

2. 已知 $\boldsymbol{A}=\begin{pmatrix}1&0&1&0&0\\1&1&0&0&0\\0&1&1&0&0\\0&0&1&1&0\\0&1&0&1&1\end{pmatrix}$，则秩 $R(\boldsymbol{A})=$________.

3. 设 $\boldsymbol{\alpha}_1=(1,2,1)$，$\boldsymbol{\alpha}_2=(2,9,0)$，$\boldsymbol{\alpha}_3=(3,3,4)$，$\boldsymbol{\beta}=(5,-1,9)$，则 $\boldsymbol{\beta}=$________.（用 $\boldsymbol{\alpha}_1,\boldsymbol{\alpha}_2,\boldsymbol{\alpha}_3$ 线性表示）

4. 设向量 $\boldsymbol{\alpha}_1=(2,5,1,3)$，$\boldsymbol{\alpha}_2=(10,1,5,10)$，$\boldsymbol{\alpha}_3=(4,1,-1,1)$，向量 $\boldsymbol{\alpha}$ 满足 $3(\boldsymbol{\alpha}_1-\boldsymbol{\alpha})+2(\boldsymbol{\alpha}_2+\boldsymbol{\alpha})=5(\boldsymbol{\alpha}_3-\boldsymbol{\alpha})$，则 $\boldsymbol{\alpha}=$__________.

5. 设向量 $\boldsymbol{\alpha}_1=(4,1,3,-2)$，$\boldsymbol{\alpha}_2=(1,2,-3,2)$，$\boldsymbol{\alpha}_3=(16,9,1,-3)$，则 $3\boldsymbol{\alpha}_1+5\boldsymbol{\alpha}_2-\boldsymbol{\alpha}_3=$________.

6. 已知向量 $\boldsymbol{\alpha}_1=(1,1,0)$，$\boldsymbol{\alpha}_2=(1,0,1)$，$\boldsymbol{\alpha}_3=(0,1,1)$，$\boldsymbol{\beta}=(2,0,0)$. 若用 $\boldsymbol{\alpha}_1,\boldsymbol{\alpha}_2,\boldsymbol{\alpha}_3$ 的线性表示 $\boldsymbol{\beta}$，则 $\boldsymbol{\beta}=$____________.

7. 已知 $\boldsymbol{\alpha}_1+2\boldsymbol{\alpha}_2+3\boldsymbol{\alpha}_3+4\boldsymbol{\beta}=0$，其中 $\boldsymbol{\alpha}_1=(5,-8,-1,2)$，$\boldsymbol{\alpha}_2=(2,-1,4,-3)$，$\boldsymbol{\alpha}_3=(-3,2,-5,4)$，则 $\boldsymbol{\beta}$________.

二、选择题

1. 设 $\boldsymbol{\alpha}_1=(1,0,0)^{\mathrm{T}}$，$\boldsymbol{\alpha}_2=(0,0,1)^{\mathrm{T}}$，则 $\boldsymbol{\beta}=$(　　)时，$\boldsymbol{\beta}$ 可由 $\boldsymbol{\alpha}_1,\boldsymbol{\alpha}_2$ 线性表示.

A. $(2,1,1)^{\mathrm{T}}$　　B. $(-3,0,4)^{\mathrm{T}}$

C. $(1,1,0)^{\mathrm{T}}$　　D. $(0,-1,0)^{\mathrm{T}}$

2. 已知 n 维向量组 $\boldsymbol{A}$：$\boldsymbol{\alpha}_1,\boldsymbol{\alpha}_2,\cdots,\boldsymbol{\alpha}_s$ 与 n 维向量组 $\boldsymbol{B}$：$\boldsymbol{\beta}_1,\boldsymbol{\beta}_2,\cdots,\boldsymbol{\beta}_t$ 有相同的秩 r，则下列说法错误的是(　　).

A. 如果 $\boldsymbol{A}$ 是 $\boldsymbol{B}$ 的部分组，则 $\boldsymbol{A}$ 与 $\boldsymbol{B}$ 等价

B. 当 $s=t$ 时，$\boldsymbol{A}$ 与 $\boldsymbol{B}$ 等价

C. 当 $\boldsymbol{A}$ 可由 $\boldsymbol{B}$ 线性表示时，$\boldsymbol{A}$ 与 $\boldsymbol{B}$ 等价

D. 当 $R(\boldsymbol{\alpha}_1,\boldsymbol{\alpha}_2,\cdots,\boldsymbol{\alpha}_s,\boldsymbol{\beta}_1,\boldsymbol{\beta}_2,\cdots,\boldsymbol{\beta}_t)=r$ 时，$\boldsymbol{A}$ 与 $\boldsymbol{B}$ 等价

三、计算题

★1. 设 $\boldsymbol{\alpha}_1=(1,0,1,0)$，$\boldsymbol{\alpha}_2=(1,0,-2,1)$，$\boldsymbol{\alpha}_3=(2,0,1,2)$，$\boldsymbol{\beta}=(1,-2,2,3)$，问向量 $\boldsymbol{\beta}$ 能不能由向量组 $\boldsymbol{\alpha}_1$，$\boldsymbol{\alpha}_2$，$\boldsymbol{\alpha}_3$ 线性表示？为什么？

★2. 设 $\boldsymbol{\alpha}_1=(1,2,1)$，$\boldsymbol{\alpha}_2=(2,1,1)$，$\boldsymbol{\alpha}_3=(1,0,0)$，问向量组 $\boldsymbol{\alpha}_1$，$\boldsymbol{\alpha}_2$ 与向量组 $\boldsymbol{\alpha}_1$，$\boldsymbol{\alpha}_2$，$\boldsymbol{\alpha}_3$ 是不是等价？为什么？

能力提升

1. 设 $\boldsymbol{\alpha}_1=(2,1,0,3)$，$\boldsymbol{\alpha}_2=(3,-1,5,2)$，$\boldsymbol{\alpha}_3=(-1,0,2,1)$，$\boldsymbol{\beta}=(-4,6,-13,4)$，问向量 $\boldsymbol{\beta}$ 能不能由向量组 $\boldsymbol{\alpha}_1$，$\boldsymbol{\alpha}_2$，$\boldsymbol{\alpha}_3$ 线性表示？若能，求常数 c_1，c_2，c_3 使得 $c_1\boldsymbol{\alpha}_1+c_2\boldsymbol{\alpha}_2+c_3\boldsymbol{\alpha}_3=\boldsymbol{\beta}$.

2. 已知向量组 $\boldsymbol{\alpha}_1,\cdots,\boldsymbol{\alpha}_s\ (s\geqslant 2)$，且 $\boldsymbol{\beta}_1=\boldsymbol{\alpha}_2+\cdots+\boldsymbol{\alpha}_s$，$\boldsymbol{\beta}_2=\boldsymbol{\alpha}_1+\boldsymbol{\alpha}_3+\cdots+\boldsymbol{\alpha}_s,\cdots,\boldsymbol{\beta}_s=\boldsymbol{\alpha}_1+\cdots+\boldsymbol{\alpha}_{s-1}$，证明：向量组 $\boldsymbol{\alpha}_1,\boldsymbol{\alpha}_2,\cdots,\boldsymbol{\alpha}_s$ 与向量组 $\boldsymbol{\beta}_1,\boldsymbol{\beta}_2,\cdots,\boldsymbol{\beta}_s$ 有相同的秩.

3. 若向量 $\boldsymbol{\alpha}_m$ 是向量 $\boldsymbol{\alpha}_1,\cdots,\boldsymbol{\alpha}_{m-1}$ 的线性组合，但不是 $\boldsymbol{\alpha}_1,\cdots,\boldsymbol{\alpha}_{m-2}$ 的线性组合，证明：$\boldsymbol{\alpha}_{m-1}$ 是 $\boldsymbol{\alpha}_1,\cdots,\boldsymbol{\alpha}_{m-2},\boldsymbol{\alpha}_m$ 的线性组合.

第三节　向量组的秩

基础训练

一、填空题

1. 已知向量组 $\boldsymbol{\alpha}_1=(1,2,3,4)$, $\boldsymbol{\alpha}_2=(2,3,4,5)$, $\boldsymbol{\alpha}_3=(3,4,5,6)$, $\boldsymbol{\alpha}_4=(4,5,6,7)$, 则该向量组的秩是__________.

2. 向量组 $\boldsymbol{\alpha}_1=(1,2,3,4)$, $\boldsymbol{\alpha}_2=(2,3,4,5)$, $\boldsymbol{\alpha}_3=(3,4,5,6)$, $\boldsymbol{\alpha}_4=(4,5,6,7)$ 的一个最大无关组是__________.

二、选择题

1. 设 $\boldsymbol{\alpha}_1=(1,2,1)^{\mathrm{T}}$, $\boldsymbol{\alpha}_2=(0,5,3)^{\mathrm{T}}$, $\boldsymbol{\alpha}_3=(2,14,8)^{\mathrm{T}}$, 则向量组 $\boldsymbol{\alpha}_1$, $\boldsymbol{\alpha}_2$, $\boldsymbol{\alpha}_3$ 的秩是(　　).

A. 0　　B. 1　　C. 2　　D. 3

2. 已知 n 维向量组 $\boldsymbol{A}$: $\boldsymbol{\alpha}_1, \boldsymbol{\alpha}_2, \cdots, \boldsymbol{\alpha}_s$ 与 n 维向量组 $\boldsymbol{B}$: $\boldsymbol{\alpha}_1, \boldsymbol{\alpha}_2, \cdots, \boldsymbol{\alpha}_s, \boldsymbol{\alpha}_{s+1}, \boldsymbol{\alpha}_{s+2}, \cdots, \boldsymbol{\alpha}_{s+l}$, 若 $R(\boldsymbol{A})=p$, $R(\boldsymbol{B})=q$, 则下列条件中不能判定 $\boldsymbol{A}$ 是 $\boldsymbol{B}$ 的最大无关组的是(　　).

A. $p=q$, 且 $\boldsymbol{B}$ 可由 $\boldsymbol{A}$ 线性表示　　B. $s=q$, 且 $\boldsymbol{A}$ 与 $\boldsymbol{B}$ 是等价向量组

C. $p=q$, 且 $\boldsymbol{A}$ 线性无关　　D. $p=q=s$

三、计算题

★1. 设 $\boldsymbol{\alpha}_1=(1,-1,5,2)^{\mathrm{T}}$, $\boldsymbol{\alpha}_2=(-2,3,1,0)^{\mathrm{T}}$, $\boldsymbol{\alpha}_3=(4,-5,9,4)^{\mathrm{T}}$, $\boldsymbol{\alpha}_4=(0,4,2,-3)^{\mathrm{T}}$, $\boldsymbol{\alpha}_5=(-7,18,2,-8)^{\mathrm{T}}$, 求向量组 $\boldsymbol{\alpha}_1$, $\boldsymbol{\alpha}_2$, $\boldsymbol{\alpha}_3$, $\boldsymbol{\alpha}_4$, $\boldsymbol{\alpha}_5$ 的一个最大无关组, 并用此最大无关组线性表示向量组中其他的向量.

2. 设$\boldsymbol{\alpha}_1=(1, 0, 1, 1)$，$\boldsymbol{\alpha}_2=(-3, 3, 7, 1)$，$\boldsymbol{\alpha}_3=(-1, 3, 9, 3)$，$\boldsymbol{\alpha}_4=(-5, 3, 5, -1)$，求向量组$\boldsymbol{\alpha}_1, \boldsymbol{\alpha}_2, \boldsymbol{\alpha}_3, \boldsymbol{\alpha}_4$的一个最大无关组，并将其他的向量用最大无关组线性表示在向量组中.

3. 设矩阵$\boldsymbol{A}=\begin{pmatrix} 2 & -1 & -1 & 1 & 2 \\ 1 & 1 & -2 & 1 & 4 \\ 4 & -6 & 2 & -2 & 4 \\ 3 & 6 & -9 & 7 & 9 \end{pmatrix}$，求矩阵$\boldsymbol{A}$的列向量组的一个最大无关组，并将其余列向量用最大无关组线性表示.

4. 设向量组 $\boldsymbol{A}$：$\boldsymbol{\alpha}_1=(1, 4, 1, 0)$，$\boldsymbol{\alpha}_2=(2, 1, -1, -3)$，$\boldsymbol{\alpha}_3=(1, 0, -3, -1)$，$\boldsymbol{\alpha}_4=(0, 2, -6, 3)$，求向量组 $\boldsymbol{A}$ 的秩及一个最大无关组.

能力提升

★1. 设向量组

$$\boldsymbol{\alpha}_1=(1, 3, 0, 5),\ \boldsymbol{\alpha}_2=(1, 2, 1, 4)$$

$$\boldsymbol{\alpha}_3=(1, 1, 2, 3),\ \boldsymbol{\alpha}_4=(1, -3, 6, -1),\ \boldsymbol{\alpha}_5=(1, a, 3, b)$$

确定 a，b 的值，使向量组 $\boldsymbol{\alpha}_1$，$\boldsymbol{\alpha}_2$，$\boldsymbol{\alpha}_3$，$\boldsymbol{\alpha}_4$，$\boldsymbol{\alpha}_5$ 的秩为 2，并求此向量组的一个最大线性无关组.

2. 给定向量组 $\boldsymbol{a}_1=(1, -1, 0, 4)^{\mathrm{T}}$，$\boldsymbol{a}_2=(2, 1, 5, 6)^{\mathrm{T}}$，$\boldsymbol{a}_3=(1, -1, -2, 0)^{\mathrm{T}}$，$\boldsymbol{a}_4=(3, 0, 7, k)^{\mathrm{T}}$，当 k 为何值时，向量组 $\boldsymbol{a}_1$，$\boldsymbol{a}_2$，$\boldsymbol{a}_3$，$\boldsymbol{a}_4$ 线性相关？当向量组线性相关时，求出最大无关组，并将其他向量用最大无关组线性表示.

3. 设 $\boldsymbol{\alpha}=\begin{pmatrix}1\\2\\3\end{pmatrix}$，$\boldsymbol{\beta}=(1, 2, 3)$，$\boldsymbol{A}=\boldsymbol{\alpha\beta}$，则 $R(\boldsymbol{A})=$________.

4. 设 $\boldsymbol{A}$ 是 $m\times n$ 矩阵，$\boldsymbol{A}^{\mathrm{T}}$ 是 $\boldsymbol{A}$ 的转置矩阵，且 $\boldsymbol{A}^{\mathrm{T}}$ 的行向量组线性无关，则 $R(\boldsymbol{A})=$________.

第五节　向量空间

基础训练

一、填空题

1. 向量 $\boldsymbol{a}=(3,1)^{\mathrm{T}}$ 在基 $\boldsymbol{\eta}_1=(1,2)^{\mathrm{T}}$，$\boldsymbol{\eta}_2=(2,1)^{\mathrm{T}}$ 下的坐标为________.

2. $\boldsymbol{\xi}_1$，$\boldsymbol{\xi}_2$，$\boldsymbol{\xi}_3$ 和 $\boldsymbol{\eta}_1$，$\boldsymbol{\eta}_2$，$\boldsymbol{\eta}_3$ 是 $\mathbf{R}^3$ 的两组基，且 $\boldsymbol{\eta}_1=3\boldsymbol{\xi}_1+2\boldsymbol{\xi}_2+\boldsymbol{\xi}_3$，$\boldsymbol{\eta}_2=\boldsymbol{\xi}_1+2\boldsymbol{\xi}_2+\boldsymbol{\xi}_3$，$\boldsymbol{\eta}_3=2\boldsymbol{\xi}_1+\boldsymbol{\xi}_2+2\boldsymbol{\xi}_3$，若由基 $\boldsymbol{\xi}_1$，$\boldsymbol{\xi}_2$，$\boldsymbol{\xi}_3$ 到基 $\boldsymbol{\eta}_1$，$\boldsymbol{\eta}_2$，$\boldsymbol{\eta}_3$ 的基变换公式为 $(\boldsymbol{\eta}_1,\boldsymbol{\eta}_2,\boldsymbol{\eta}_3)=(\boldsymbol{\xi}_1,\boldsymbol{\xi}_2,\boldsymbol{\xi}_3)\boldsymbol{A}$，则 $\boldsymbol{A}=$________.

3. 从 $\mathbf{R}^2$ 的基 $\boldsymbol{\alpha}_1=(1,0)^{\mathrm{T}}$，$\boldsymbol{\alpha}_2=(1,-1)^{\mathrm{T}}$ 到基 $\boldsymbol{\beta}_1=(1,1)^{\mathrm{T}}$，$\boldsymbol{\beta}_2=(1,2)^{\mathrm{T}}$ 的过渡矩阵为________.

二、选择题

1. 设线性空间 $\mathbf{R}^n$ 中向量组 $\boldsymbol{\alpha}_1$，$\boldsymbol{\alpha}_2$，$\boldsymbol{\alpha}_3$ 线性无关，则 $\mathbf{R}^n$ 的下列生成子空间中，维数为 3 的生成子空间是(　　).

A. $L(\boldsymbol{\alpha}_1+\boldsymbol{\alpha}_2,\boldsymbol{\alpha}_2+\boldsymbol{\alpha}_3,\boldsymbol{\alpha}_3-\boldsymbol{\alpha}_1)$

B. $L(\boldsymbol{\alpha}_1+\boldsymbol{\alpha}_2,\boldsymbol{\alpha}_2-\boldsymbol{\alpha}_3,\boldsymbol{\alpha}_3+\boldsymbol{\alpha}_1)$

C. $L(\boldsymbol{\alpha}_1-\boldsymbol{\alpha}_2,\boldsymbol{\alpha}_2+\boldsymbol{\alpha}_3,\boldsymbol{\alpha}_3+\boldsymbol{\alpha}_1)$

D. $L(\boldsymbol{\alpha}_1+\boldsymbol{\alpha}_2,\boldsymbol{\alpha}_2+\boldsymbol{\alpha}_3,\boldsymbol{\alpha}_3+\boldsymbol{\alpha}_1)$

2. 以下向量组中不能作为 $\mathbf{R}^3$ 基的是(　　).

A. $(1,0,0)^{\mathrm{T}}$，$(1,1,0)^{\mathrm{T}}$，$(1,1,1)^{\mathrm{T}}$

B. $(1,0,1)^{\mathrm{T}}$，$(0,1,0)^{\mathrm{T}}$，$(1,1,1)^{\mathrm{T}}$

C. $(1,1,0)^{\mathrm{T}}$，$(0,1,1)^{\mathrm{T}}$，$(1,1,1)^{\mathrm{T}}$

D. $(1,0,0)^{\mathrm{T}}$，$(0,1,0)^{\mathrm{T}}$，$(0,0,1)^{\mathrm{T}}$

3. 下列向量集合按向量的加法和数乘运算构成 $\mathbf{R}$ 上的一个向量空间的是(　　).

A. $\mathbf{R}^n$ 中，分量满足 $x_1+x_2+\cdots+x_n=0$ 的所有向量

B. $\mathbf{R}^n$ 中，分量是整数的所有向量

C. $\mathbf{R}^n$ 中，分量满足 $x_1+x_2+\cdots+x_n=1$ 的所有向量

D. $\mathbf{R}^n$ 中，分量满足 $x_1=1$，其余分量 $x_2,\cdots,x_n$ 可取任意实数的所有向量

三、计算题

★1. 已知三维向量空间 $\mathbf{R}^3$ 的一个基：$\boldsymbol{\alpha}_1$，$\boldsymbol{\alpha}_2$，$\boldsymbol{\alpha}_3$；向量

$$\boldsymbol{\beta}_1 = 2\boldsymbol{\alpha}_1 + 3\boldsymbol{\alpha}_2 + 3\boldsymbol{\alpha}_3,\ \boldsymbol{\beta}_2 = 2\boldsymbol{\alpha}_1 + \boldsymbol{\alpha}_2 + 2\boldsymbol{\alpha}_3,\ \boldsymbol{\beta}_3 = \boldsymbol{\alpha}_1 + 5\boldsymbol{\alpha}_2 + 3\boldsymbol{\alpha}_3$$

(1) 证明 $\boldsymbol{\beta}_1$，$\boldsymbol{\beta}_2$，$\boldsymbol{\beta}_3$ 也是 $\mathbf{R}^3$ 的一个基；

(2) 求由基 $\boldsymbol{\beta}_1$，$\boldsymbol{\beta}_2$，$\boldsymbol{\beta}_3$ 到基 $\boldsymbol{\alpha}_1$，$\boldsymbol{\alpha}_2$，$\boldsymbol{\alpha}_3$ 的过渡矩阵；

(3) 若向量 $\boldsymbol{\alpha}$ 在基 $\boldsymbol{\alpha}_1$, $\boldsymbol{\alpha}_2$, $\boldsymbol{\alpha}_3$ 下的坐标为(1, −2, 0), 求 $\boldsymbol{\alpha}$ 在基 $\boldsymbol{\beta}_1$, $\boldsymbol{\beta}_2$, $\boldsymbol{\beta}_3$ 下的坐标.

2. 设 $\mathbf{R}^3$ 中的两组基为 $\boldsymbol{B}_1$: $\boldsymbol{\alpha}_1$, $\boldsymbol{\alpha}_2$, $\boldsymbol{\alpha}_3$, $\boldsymbol{B}_2$: $\boldsymbol{\beta}_1$, $\boldsymbol{\beta}_2$, $\boldsymbol{\beta}_3$, 其中

$$\boldsymbol{\alpha}_1=(1,\ 1,\ 0)^{\mathrm{T}},\ \boldsymbol{\alpha}_2=(0,\ 1,\ 1)^{\mathrm{T}},\ \boldsymbol{\alpha}_3=(1,\ 0,\ 1)^{\mathrm{T}}$$

$$\boldsymbol{\beta}_1=(1,\ 0,\ 0)^{\mathrm{T}},\ \boldsymbol{\beta}_2=(1,\ 1,\ 0)^{\mathrm{T}},\ \boldsymbol{\beta}_3=(1,\ 1,\ 1)^{\mathrm{T}}$$

求基 $\boldsymbol{B}_2$ 到基 $\boldsymbol{B}_1$ 的过渡矩阵 $\boldsymbol{A}$.

★3. 设 $\mathbf{R}^3$ 的两个基

$$\boldsymbol{\alpha}_1=\begin{pmatrix}1\\1\\0\end{pmatrix},\ \boldsymbol{\alpha}_2=\begin{pmatrix}2\\1\\1\end{pmatrix},\ \boldsymbol{\alpha}_3=\begin{pmatrix}2\\2\\2\end{pmatrix}$$

$$\boldsymbol{\beta}_1=\begin{pmatrix}1\\0\\0\end{pmatrix},\ \boldsymbol{\beta}_2=\begin{pmatrix}1\\1\\0\end{pmatrix},\ \boldsymbol{\beta}_3=\begin{pmatrix}1\\1\\1\end{pmatrix}$$

(1) 求由基 $\boldsymbol{\alpha}_1$，$\boldsymbol{\alpha}_2$，$\boldsymbol{\alpha}_3$ 到 $\boldsymbol{\beta}_1$，$\boldsymbol{\beta}_2$，$\boldsymbol{\beta}_3$的过渡矩阵 $\boldsymbol{P}$；

(2) 已知向量 $\boldsymbol{\alpha}=\boldsymbol{\alpha}_1+\boldsymbol{\alpha}_2+\boldsymbol{\alpha}_3$，求向量 $\boldsymbol{\alpha}$ 在基 $\boldsymbol{\beta}_1$，$\boldsymbol{\beta}_2$，$\boldsymbol{\beta}_3$ 下的坐标；

(3) 求在基 $\boldsymbol{\alpha}_1$, $\boldsymbol{\alpha}_2$, $\boldsymbol{\alpha}_3$ 和 $\boldsymbol{\beta}_1$, $\boldsymbol{\beta}_2$, $\boldsymbol{\beta}_3$ 下有相同坐标的所有向量.

能力提升

1. 设 $\mathbf{R}^3$ 的基为

$$\boldsymbol{\beta}_1=\begin{pmatrix}1\\1\\1\end{pmatrix},\ \boldsymbol{\beta}_2=\begin{pmatrix}1\\1\\0\end{pmatrix},\ \boldsymbol{\beta}_3=\begin{pmatrix}1\\0\\0\end{pmatrix}$$

(1) 试由 $\boldsymbol{\beta}_1$, $\boldsymbol{\beta}_2$, $\boldsymbol{\beta}_3$ 构造 $\mathbf{R}^3$ 的一个标准正交基 $\boldsymbol{\alpha}_1$, $\boldsymbol{\alpha}_2$, $\boldsymbol{\alpha}_3$;

(2) 求由基 $\boldsymbol{\alpha}_1$，$\boldsymbol{\alpha}_2$，$\boldsymbol{\alpha}_3$ 到 $\boldsymbol{\beta}_1$，$\boldsymbol{\beta}_2$，$\boldsymbol{\beta}_3$ 的过渡矩阵 $\boldsymbol{P}$；

(3) 已知向量 $\boldsymbol{\alpha}=\boldsymbol{\beta}_1+\boldsymbol{\beta}_2+\boldsymbol{\beta}_3$，求向量 $\boldsymbol{\alpha}$ 在基 $\boldsymbol{\alpha}_1$，$\boldsymbol{\alpha}_2$，$\boldsymbol{\alpha}_3$ 下的坐标.

2. 设线性空间 $\mathbf{R}^3$ 中的向量组为

$$\boldsymbol{\alpha}_1=\begin{pmatrix}1\\-2\\-2\end{pmatrix},\ \boldsymbol{\alpha}_2=\begin{pmatrix}-1\\3\\0\end{pmatrix},\ \boldsymbol{\alpha}_3=\begin{pmatrix}1\\0\\-6\end{pmatrix},\ \boldsymbol{\alpha}_4=\begin{pmatrix}-3\\8\\2\end{pmatrix},\ \boldsymbol{\beta}_1=\begin{pmatrix}0\\1\\-2\end{pmatrix},\ \boldsymbol{\beta}_2=\begin{pmatrix}-2\\5\\-6\end{pmatrix}$$

(1) 求由 $\boldsymbol{\alpha}_1$, $\boldsymbol{\alpha}_2$, $\boldsymbol{\alpha}_3$, $\boldsymbol{\alpha}_4$ 生成的子空间 $L(\boldsymbol{\alpha}_1, \boldsymbol{\alpha}_2, \boldsymbol{\alpha}_3, \boldsymbol{\alpha}_4)$的维数与一个基;

(2) 从 $\boldsymbol{\beta}_1$, $\boldsymbol{\beta}_2$ 中选出属于 $L(\boldsymbol{\alpha}_1, \boldsymbol{\alpha}_2, \boldsymbol{\alpha}_3, \boldsymbol{\alpha}_4)$的向量,并求出它们在(1)中所选的基下的坐标.

第五章　相似矩阵及二次型

第一节　向量的内积、长度及正交性

基础训练

一、填空题

1. 已知向量 $\boldsymbol{\alpha}=(1,2,1)^{\mathrm{T}}$，$\boldsymbol{\beta}=(1,2,-2)^{\mathrm{T}}$，$\boldsymbol{\gamma}=(1,1,1)^{\mathrm{T}}$，则$[\boldsymbol{\alpha},\boldsymbol{\gamma}]=$________，$[\boldsymbol{\beta},\boldsymbol{\gamma}]=$________，$[\boldsymbol{\alpha}+\boldsymbol{\beta},\boldsymbol{\gamma}]=$________.

2. 已知向量 $\boldsymbol{\alpha}=(2,1,-2,-4)^{\mathrm{T}}$，则 $\|\boldsymbol{\alpha}\|=$________________，$\|-2\boldsymbol{\alpha}\|=$________________.

3. 已知向量 $\boldsymbol{\alpha}=(4,-3,\sqrt{7},2)^{\mathrm{T}}$，$\boldsymbol{\beta}=(1,0,0,1)^{\mathrm{T}}$，则向量 $\boldsymbol{\alpha}$，$\boldsymbol{\beta}$ 的夹角 $\theta=$________.

二、判断题

1. 零向量与任何向量都正交.　（　　）

2. 正交向量组是指一组两两正交的向量构成的集合.　（　　）

3. 两个向量正交，则这两个向量一定线性无关，反之亦然.　（　　）

三、选择题

1. 下列关于正交矩阵的论述不正确的是（　　）.

A. 若 $\boldsymbol{A}$ 为正交矩阵，则 $\boldsymbol{A}^{-1}=\boldsymbol{A}^{\mathrm{T}}$

B. 若 $\boldsymbol{A}$ 为正交矩阵，则 $\boldsymbol{A}^{-1}$ 也是正交矩阵

C. 若 $\boldsymbol{A}$ 为正交矩阵，则 $|\boldsymbol{A}|=1$

D. 若 $\boldsymbol{A}$、$\boldsymbol{B}$ 为 n 阶正交矩阵，则 $\boldsymbol{AB}$ 也是正交矩阵

2. 下列矩阵不是正交矩阵是（　　）.

A. $\begin{pmatrix}\cos\theta & -\sin\theta\\ \sin\theta & \cos\theta\end{pmatrix}$　　　　B. $\begin{pmatrix}1 & 0 & 0\\ 0 & \frac{\sqrt{2}}{2} & \frac{\sqrt{2}}{2}\\ 0 & \frac{\sqrt{2}}{2} & \frac{-\sqrt{2}}{2}\end{pmatrix}$

C. $\begin{pmatrix} 1 & \frac{-1}{2} & \frac{1}{3} \\ \frac{-1}{2} & 1 & \frac{1}{2} \\ \frac{1}{3} & \frac{1}{2} & -1 \end{pmatrix}$　　D. $\begin{pmatrix} \frac{1}{9} & \frac{-8}{9} & \frac{-4}{9} \\ \frac{-8}{9} & \frac{1}{9} & \frac{-4}{9} \\ \frac{-4}{9} & \frac{-4}{9} & \frac{7}{9} \end{pmatrix}$

四、计算题

1. 把向量组：$\boldsymbol{\alpha}_1=(1, 1, 1)^{\mathrm{T}}$，$\boldsymbol{\alpha}_2=(1, 2, 3)^{\mathrm{T}}$，$\boldsymbol{\alpha}_3=(1, 4, 9)^{\mathrm{T}}$ 先施密特正交化，然后单位化.

2. 设向量

$$\boldsymbol{\alpha}_1=\left(\frac{\sqrt{2}}{2}, \frac{\sqrt{2}}{2}, 0, 0\right)^{\mathrm{T}}, \boldsymbol{\alpha}_2=\left(\frac{\sqrt{2}}{2}, \frac{-\sqrt{2}}{2}, 0, 0\right)^{\mathrm{T}}, \boldsymbol{\alpha}_3=\left(0, 0, \frac{\sqrt{2}}{2}, \frac{\sqrt{2}}{2}\right)^{\mathrm{T}},$$

$$\boldsymbol{\alpha}_4=\left(0, 0, \frac{\sqrt{2}}{2}, \frac{-\sqrt{2}}{2}\right)^{\mathrm{T}}.$$

(1) 验证 $\boldsymbol{\alpha}_1$，$\boldsymbol{\alpha}_2$，$\boldsymbol{\alpha}_3$，$\boldsymbol{\alpha}_4$ 是 $\mathbf{R}^4$ 的一个标准正交基；

(2) 求向量 $\boldsymbol{\beta}=(1, 1, 1, 1)^{\mathrm{T}}$ 在这组基下的坐标.

3. 已知向量 $\boldsymbol{\alpha}_1=(1, -1, -1)^{\mathrm{T}}$，求一组非零向量 $\boldsymbol{\alpha}_2$，$\boldsymbol{\alpha}_3$，使 $\boldsymbol{\alpha}_1$，$\boldsymbol{\alpha}_2$，$\boldsymbol{\alpha}_3$ 两两正交.

五、设 $\boldsymbol{\alpha}$ 是 n 维列向量，$\boldsymbol{\alpha}^{\mathrm{T}}\boldsymbol{\alpha}=1$，令 $\boldsymbol{B}=\boldsymbol{E}-2\boldsymbol{\alpha}\boldsymbol{\alpha}^{\mathrm{T}}$，证明 $\boldsymbol{B}$ 是对称的正交矩阵.

能力提升

★1. 设 $\boldsymbol{a}_i(i=1, 2, 3)$为 3 维向量，且 $\boldsymbol{a}_1$，$\boldsymbol{a}_2$，$\boldsymbol{a}_3$ 是两两正交的单位向量组，$\boldsymbol{b}_1=-\frac{1}{3}\boldsymbol{a}_1+\frac{2}{3}\boldsymbol{a}_2+\frac{2}{3}\boldsymbol{a}_3$，$\boldsymbol{b}_2=\frac{2}{3}\boldsymbol{a}_1+\frac{2}{3}\boldsymbol{a}_2-\frac{1}{3}\boldsymbol{a}_3$，$\boldsymbol{b}_3=-\frac{2}{3}\boldsymbol{a}_1+\frac{1}{3}\boldsymbol{a}_2-\frac{2}{3}\boldsymbol{a}_3$，证明 $\boldsymbol{b}_1$，$\boldsymbol{b}_2$，$\boldsymbol{b}_3$ 也是两两正交的单位向量组.

2. 设 $\boldsymbol{a}=(0, 4, 3)^{\mathrm{T}}$，$\boldsymbol{b}=\begin{pmatrix} \frac{\sqrt{3}}{3} & 0 & \frac{\sqrt{6}}{3} \\ -\frac{\sqrt{3}}{3} & \frac{\sqrt{2}}{2} & \frac{\sqrt{6}}{6} \\ -\frac{\sqrt{3}}{3} & -\frac{\sqrt{2}}{2} & \frac{\sqrt{6}}{6} \end{pmatrix}\boldsymbol{a}$，求 $\|\boldsymbol{b}\|$.

第三节　相似矩阵

基础训练

一、填空题

1. 设 $\boldsymbol{A}$、$\boldsymbol{B}$ 都是 n 阶矩阵，若存在可逆矩阵 $\boldsymbol{P}$，使________则称矩阵 $\boldsymbol{A}$ 与 $\boldsymbol{B}$ 相似，可逆矩阵 $\boldsymbol{P}$ 称为把 $\boldsymbol{A}$ 变成 $\boldsymbol{B}$ 的____________________.

2. 设三阶矩阵 $\boldsymbol{A}$ 与 $\begin{pmatrix}1&0&0\\0&3&0\\0&0&-2\end{pmatrix}$ 相似，则 $\boldsymbol{A}$ 的特征值为______________.

3. n 阶矩阵 $\boldsymbol{A}$ 可以相似对角化的充要条件是 $\boldsymbol{A}$ 有______个线性无关的特征向量.

4. 设三阶矩阵 $\boldsymbol{A}$ 与 $\boldsymbol{B}$ 相似，且 $\boldsymbol{A}$ 的特征值为$\dfrac{1}{2}$，$\dfrac{1}{3}$，$\dfrac{1}{4}$，则 $|\boldsymbol{B}^{-1}-\boldsymbol{E}|=$__________.

5. 设三阶矩阵 $\boldsymbol{A}$ 的特征值为 $\lambda_1=2$，$\lambda_2=-2$，$\lambda_3=1$，对应特征向量依次为 $\boldsymbol{p}_1=\begin{pmatrix}0\\1\\1\end{pmatrix}$，$\boldsymbol{p}_2=\begin{pmatrix}1\\1\\1\end{pmatrix}$，$\boldsymbol{p}_3=\begin{pmatrix}1\\1\\0\end{pmatrix}$，则 $\boldsymbol{A}$ 一定与对角矩阵 $\boldsymbol{\Lambda}=$________________相似，相应的相似变换矩阵 $\boldsymbol{P}=$____________，且 $\boldsymbol{A}=$________________.

6. 设矩阵 $\boldsymbol{A}=\begin{pmatrix}1&1\\2&2\end{pmatrix}$，则 $\boldsymbol{A}^{2022}=$__________.

二、选择题

1. 设 $\boldsymbol{A}$、$\boldsymbol{B}$ 为 n 阶矩阵，且 $\boldsymbol{A}$ 与 $\boldsymbol{B}$ 相似，$\boldsymbol{E}$ 为 n 阶单位矩阵，则下列说法正确的有(　　).

① $\boldsymbol{A}-\lambda\boldsymbol{E}=\boldsymbol{B}-\lambda\boldsymbol{E}$；② $\boldsymbol{A}$ 与 $\boldsymbol{B}$ 有相同的特征值；③ $\boldsymbol{A}$ 与 $\boldsymbol{B}$ 有相同的特征向量；

④ $|\boldsymbol{A}|=|\boldsymbol{B}|$；⑤ $R(A)=R(B)$；⑥ $\boldsymbol{A}$ 与 $\boldsymbol{B}$ 相似于同一个对角矩阵；

⑦ 对任意常数 μ，$\boldsymbol{A}+\mu\boldsymbol{E}$ 与 $\boldsymbol{B}+\mu\boldsymbol{E}$ 相似.

A. ①②④⑤　　B. ②③④⑤⑥　　C. ②④⑤⑦　　D. 全都正确

2. 设 $\boldsymbol{A}$ 为三阶矩阵，λ 是 $\boldsymbol{A}$ 的特征方程的二重根，则矩阵 $\boldsymbol{A}$ 可以相似对角化的充分必要条件是 $R(\boldsymbol{A}-\lambda\boldsymbol{E})=$(　　).

A. 0　　B. 1　　C. 2　　D. 3

3. 下列矩阵不能相似对角化的是(　　).

A. $\begin{pmatrix}1&2&1\\0&3&5\\0&0&0\end{pmatrix}$　　B. $\begin{pmatrix}1&1&1\\2&2&2\\3&3&3\end{pmatrix}$　　C. $\begin{pmatrix}1&2&1\\0&1&0\\0&0&3\end{pmatrix}$　　D. $\begin{pmatrix}3&-1&5\\-1&6&0\\5&0&9\end{pmatrix}$

三、计算题

1. 已知矩阵$\boldsymbol{A}=\begin{pmatrix}2&0&0\\0&0&1\\0&1&x\end{pmatrix}$与矩阵$\boldsymbol{B}=\begin{pmatrix}2&0&0\\0&y&0\\0&0&-1\end{pmatrix}$相似.

(1) 求未知参数 x 和 y;

(2) 求一个可逆矩阵 $\boldsymbol{P}$,使得 $\boldsymbol{P}^{-1}\boldsymbol{AP}=\boldsymbol{B}$.

2. 已知 $\lambda=-1$ 是矩阵 $\boldsymbol{A}=\begin{pmatrix}-2&1&1\\a&2&a\\-4&1&3\end{pmatrix}$的特征值,

(1) 求未知参数 a;

(2) 判定矩阵 $\boldsymbol{A}$ 是否可以对角化；

(3) 若矩阵 $\boldsymbol{A}$ 可以对角化，求出可逆矩阵 $\boldsymbol{P}$ 和对角矩阵 $\boldsymbol{\Lambda}$，使得 $\boldsymbol{P}^{-1}\boldsymbol{A}\boldsymbol{P}=\boldsymbol{\Lambda}$.

★3. 设 $\boldsymbol{A}$ 为三阶矩阵，$\boldsymbol{\alpha}_1$，$\boldsymbol{\alpha}_2$，$\boldsymbol{\alpha}_3$ 是线性无关的三维列向量，且满足

$$\boldsymbol{A}\boldsymbol{\alpha}_1=\boldsymbol{\alpha}_1+\boldsymbol{\alpha}_2+\boldsymbol{\alpha}_3,\ \boldsymbol{A}\boldsymbol{\alpha}_2=2\boldsymbol{\alpha}_2+\boldsymbol{\alpha}_3,\ \boldsymbol{A}\boldsymbol{\alpha}_3=2\boldsymbol{\alpha}_2+3\boldsymbol{\alpha}_3$$

(1) 求矩阵 $\boldsymbol{B}$，使得 $\boldsymbol{A}(\boldsymbol{\alpha}_1,\boldsymbol{\alpha}_2,\boldsymbol{\alpha}_3)=(\boldsymbol{\alpha}_1,\boldsymbol{\alpha}_2,\boldsymbol{\alpha}_3)\boldsymbol{B}$；

(2) 求矩阵 $\boldsymbol{A}$ 的特征值；

(3) 求可逆矩阵 $\boldsymbol{P}$，使得 $\boldsymbol{P}^{-1}\boldsymbol{A}\boldsymbol{P}$ 为对角矩阵.

能力提升

1. $\boldsymbol{\alpha}$，$\boldsymbol{\beta}$ 为三维列向量，若矩阵 $\boldsymbol{\alpha}\boldsymbol{\beta}^{\mathrm{T}}$ 相似于 $\begin{pmatrix}2&0&0\\0&0&0\\0&0&0\end{pmatrix}$，则 $\boldsymbol{\beta}^{\mathrm{T}}\boldsymbol{\alpha}=$________.

2. 设三阶矩阵 $\boldsymbol{A}$ 与 $\boldsymbol{B}=\begin{pmatrix}1&0&0\\0&2&1\\0&2&3\end{pmatrix}$ 相似，则 $R(\boldsymbol{A}-\boldsymbol{E})+R(\boldsymbol{A}+2\boldsymbol{E})=$________.

3. 下列矩阵中与 $\begin{pmatrix}1&1&0\\0&1&1\\0&0&1\end{pmatrix}$ 相似的是(　　).

A. $\begin{pmatrix}1&1&-1\\0&1&1\\0&0&1\end{pmatrix}$　　B. $\begin{pmatrix}1&0&-1\\0&1&1\\0&0&1\end{pmatrix}$

C. $\begin{pmatrix}1&1&-1\\0&1&0\\0&0&1\end{pmatrix}$　　D. $\begin{pmatrix}1&0&-1\\0&1&0\\0&0&1\end{pmatrix}$

4. 已知矩阵 $\boldsymbol{A}=\begin{pmatrix}2&0&0\\0&2&1\\0&0&1\end{pmatrix}$，$\boldsymbol{B}=\begin{pmatrix}2&1&0\\0&2&0\\0&0&1\end{pmatrix}$，$\boldsymbol{C}=\begin{pmatrix}1&0&0\\0&2&0\\0&0&2\end{pmatrix}$，则(　　).

A. $\boldsymbol{A}$ 与 $\boldsymbol{B}$ 相似，$\boldsymbol{B}$ 与 $\boldsymbol{C}$ 相似　　B. $\boldsymbol{A}$ 与 $\boldsymbol{C}$ 相似，$\boldsymbol{B}$ 与 $\boldsymbol{C}$ 不相似

C. $\boldsymbol{A}$ 与 $\boldsymbol{C}$ 不相似，$\boldsymbol{B}$ 与 $\boldsymbol{C}$ 相似　　D. $\boldsymbol{A}$ 与 $\boldsymbol{C}$ 不相似，$\boldsymbol{B}$ 与 $\boldsymbol{C}$ 不相似

5. 设 $\boldsymbol{A}$、$\boldsymbol{B}$ 为可逆矩阵，且 $\boldsymbol{A}$ 与 $\boldsymbol{B}$ 相似，则下列结论错误的是(　　).

A. $\boldsymbol{A}^{\mathrm{T}}$ 与 $\boldsymbol{B}^{\mathrm{T}}$ 相似　　B. $\boldsymbol{A}^{-1}$ 与 $\boldsymbol{B}^{-1}$ 相似

C. $\boldsymbol{A}+\boldsymbol{A}^{\mathrm{T}}$ 与 $\boldsymbol{B}+\boldsymbol{B}^{\mathrm{T}}$ 相似　　D. $\boldsymbol{A}+\boldsymbol{A}^{-1}$ 与 $\boldsymbol{B}+\boldsymbol{B}^{-1}$ 相似

6. 矩阵 $\begin{pmatrix}1&a&1\\a&b&a\\1&a&1\end{pmatrix}$ 与 $\begin{pmatrix}2&0&0\\0&b&0\\0&0&0\end{pmatrix}$ 相似的充要条件为(　　).

A. $a=0$，$b=2$　　B. $a=0$，b 为任意常数

C. $a=2$，$b=0$　　D. $a=2$，b 为任意常数

7. 设 $\boldsymbol{A}$ 为二阶矩阵，$\boldsymbol{P}=(\boldsymbol{\alpha}, \boldsymbol{A\alpha})$，其中 $\boldsymbol{\alpha}$ 是非零列向量，且不是 $\boldsymbol{A}$ 的特征向量.

(1) 证明 $\boldsymbol{P}$ 为可逆矩阵；

(2) 若 $\boldsymbol{A}^2\boldsymbol{\alpha}+\boldsymbol{A\alpha}-6\boldsymbol{\alpha}=\boldsymbol{0}$，求 $\boldsymbol{P}^{-1}\boldsymbol{AP}$，并判断 $\boldsymbol{A}$ 是否相似于对角矩阵.

8. 设矩阵 $\boldsymbol{A}=\begin{pmatrix}0 & 2 & -3\\ -1 & 3 & -3\\ 1 & -2 & a\end{pmatrix}$ 相似于矩阵 $\boldsymbol{B}=\begin{pmatrix}1 & -2 & 0\\ 0 & b & 0\\ 0 & 3 & 1\end{pmatrix}$.

(1) 求 a, b 的值;

(2) 求可逆矩阵 $\boldsymbol{P}$, 使 $\boldsymbol{P}^{-1}\boldsymbol{A}\boldsymbol{P}$ 为对角矩阵.

第五节　二次型及其标准形

基础训练

一、填空题

1. 二次型 $f(x_1, x_2, x_3)=4x_1x_2+4x_2^2+2x_1x_3+3x_3^2+4x_2x_3$ 的矩阵为________.

2. 已知某二次型的矩阵为 $\begin{pmatrix} 2 & -2 & 0 \\ -2 & 1 & 3 \\ 0 & 3 & 0 \end{pmatrix}$，则它的相应的二次型表达式为________.

3. 设 3 元二次型 $f=\boldsymbol{x}^{\mathrm{T}}\boldsymbol{A}\boldsymbol{x}$，且实对称矩阵 $\boldsymbol{A}$ 的特征值分别为 2，3，−5，则此二次型的标准形为________.

4. 设二次型 $f=\boldsymbol{x}^{\mathrm{T}}\begin{pmatrix} 2 & 1 \\ 3 & 2 \end{pmatrix}\boldsymbol{x}$，则该二次型的秩为________.

5. 二次型 $f(x_1, x_2, x_3)=(x_1+x_2)^2+(x_2-x_3)^2+(x_1+x_3)^2$ 的秩为________.

6. 设 $\boldsymbol{A}$ 与 $\boldsymbol{B}$ 都是 n 阶矩阵，若存在可逆矩阵 $\boldsymbol{C}$，使得 $\boldsymbol{C}^{\mathrm{T}}\boldsymbol{A}\boldsymbol{C}=\boldsymbol{B}$，则称矩阵 $\boldsymbol{A}$ 与 $\boldsymbol{B}$ ________.

二、判断题

1. 对任意的二次型 $f=\boldsymbol{x}^{\mathrm{T}}\boldsymbol{A}\boldsymbol{x}$，总有正交变换 $\boldsymbol{x}=\boldsymbol{P}\boldsymbol{y}$，使 f 化为标准形.　(　　)

2. 若 $\boldsymbol{A}$ 与 $\boldsymbol{B}$ 合同，$\boldsymbol{B}$ 与 $\boldsymbol{C}$ 合同，则 $\boldsymbol{A}$ 与 $\boldsymbol{C}$ 合同.　(　　)

3. 对任意给定的二次型，一定存在唯一的标准形.　(　　)

4. 若 $f=\boldsymbol{x}^{\mathrm{T}}\boldsymbol{A}\boldsymbol{x}$ 是任意给定的二次型，则 f 的标准形所含项数是确定的，并且等于 f 的秩.　(　　)

三、选择题

1. 下列属于二次型的是(　　).

A. $f=2x^2+3y^2+x-y$　　B. $f=x^2+2xy+y^2+1$

C. $f=2xy+3yz-xz$　　D. $f=x^2+2y^2+3z^2-1$

2. 设 $\boldsymbol{A}$、$\boldsymbol{B}$ 为 n 阶矩阵，则下列说法正确的有(　　).

A. 若 $\boldsymbol{A}$ 与 $\boldsymbol{B}$ 相似，则 $\boldsymbol{A}$ 与 $\boldsymbol{B}$ 合同

B. 若 $\boldsymbol{A}$ 与 $\boldsymbol{B}$ 合同，则 $\boldsymbol{A}$ 与 $\boldsymbol{B}$ 相似

C. 若 $\boldsymbol{A}$ 与 $\boldsymbol{B}$ 合同，则 $\boldsymbol{A}$ 与 $\boldsymbol{B}$ 等价

D. 若 $\boldsymbol{A}$ 与 $\boldsymbol{B}$ 等价，则 $\boldsymbol{A}$ 与 $\boldsymbol{B}$ 合同

3. 设二次型 $f(x_1, x_2, x_3)=2x_1^2+3x_2^2+tx_3^2-6x_2x_3$，若该二次型的秩为 2，则 $t=$(　　).

A. 0　　B. 1　　C. 2　　D. 3

四、计算题

1. 求一个正交变换，将二次型 $f(x_1, x_2, x_3)=x_1^2+3x_2^2+3x_3^2+2x_2x_3$ 化成标准形.

2. 求一个正交变换，将二次型 $f(x_1, x_2, x_3)=x_1^2+4x_2^2+4x_3^2-4x_1x_2+4x_1x_3-8x_2x_3$ 化成标准形.

★3. 已知二次型 $f(x_1, x_2, x_3)=x_2^2+2ax_1x_3$(其中 $a>0$)，通过正交变换 $\boldsymbol{x}=\boldsymbol{P}\boldsymbol{y}$ 化为标准形 $f(y_1, y_2, y_3)=y_1^2+y_2^2-y_3^2$，求参数 a 及正交变换矩阵 $\boldsymbol{P}$.

五、证明：设 $\boldsymbol{A}$、$\boldsymbol{B}$ 为 n 阶对称矩阵，若 $\boldsymbol{A}$ 与 $\boldsymbol{B}$ 相似，则 $\boldsymbol{A}$ 与 $\boldsymbol{B}$ 必然合同.

能力提升

1. 已知 $\boldsymbol{A}=\begin{pmatrix}1 & 0 & 1\\ 0 & 1 & 1\\ -1 & 0 & a\\ 0 & a & -1\end{pmatrix}$ 二次型 $f(x_1, x_2, x_3)=\boldsymbol{x}^{\mathrm{T}}(\boldsymbol{A}^{\mathrm{T}}\boldsymbol{A})\boldsymbol{x}$ 的秩为 2.

(1) 求实数 a 的值；

(2) 求一个正交变换，将 f 化为标准形.

2. 设二次型 $f(x_1, x_2, x_3)=2(a_1x_1+a_2x_2+a_3x_3)^2+(b_1x_1+b_2x_2+b_3x_3)^2$.

记 $\boldsymbol{\alpha}=\begin{pmatrix}a_1\\a_2\\a_3\end{pmatrix}$，$\boldsymbol{\beta}=\begin{pmatrix}b_1\\b_2\\b_3\end{pmatrix}$.

(1) 证明二次型 f 对应的矩阵为 $2\boldsymbol{\alpha}\boldsymbol{\alpha}^{\mathrm{T}}+\boldsymbol{\beta}\boldsymbol{\beta}^{\mathrm{T}}$；

(2) 若 $\boldsymbol{\alpha}$，$\boldsymbol{\beta}$ 正交且均为单位向量，证明 f 在正交变换下的标准形为 $2y_1^2+y_2^2$.

第七节　正定二次型

基础训练

一、填空题

1. 二次型的标准形中正系数的个数称为二次型的____________；负系数的个数称为二次型的____________.

2. 设二次型 $f(\boldsymbol{x})=\boldsymbol{x}^{\mathrm{T}}\boldsymbol{A}\boldsymbol{x}$，若对任何 $\boldsymbol{x}\neq\boldsymbol{0}$，都有 $f(\boldsymbol{x})>0$，则称 f 为________；称对称矩阵 $\boldsymbol{A}$ 是________；若对任何 $\boldsymbol{x}\neq 0$，都有 $f(\boldsymbol{x})<0$，则称 f 为________；称对称矩阵 $\boldsymbol{A}$ 是________.

3. 若二次型 $f(x_1,x_2,x_3)=x_1^2+4x_2^2+2x_3^2+2tx_1x_2+2x_1x_3$ 是正定的，则 t 应满足不等式________.

二、选择题

1. 设 $\boldsymbol{A}$ 为 n 阶对称矩阵，则 $\boldsymbol{A}$ 为正定矩阵的等价条件包含（　　）.

① $\boldsymbol{A}$ 对应二次型的正惯性指数 $p=n$；② $\boldsymbol{A}$ 的各阶顺序主子式均大于 0；③ $\boldsymbol{A}$ 合同于单位矩阵 $\boldsymbol{E}$；④ $\boldsymbol{A}$ 的特征值全大于 0

A. ①②④　　B. ②④　　C. ②③④　　D. ①②③④

2. 下列二次型为正定二次型的是（　　）.

A. $f(x_1, x_2, x_3)=-2x_1x_2+2x_1x_3+2x_2x_3$

B. $f(x_1, x_2, x_3)=2x_1^2+x_2^2$

C. $f(x_1, x_2, x_3)=-5x_1^2-6x_2^2-4x_3^2+4x_1x_2+4x_1x_3$

D. $f(x_1, x_2, x_3)=2x_1^2+3x_2^2+3x_3^2+4x_2x_3$

3. 下列矩阵为负定矩阵的是（　　）.

A. $\begin{pmatrix}-1&-2&0\\2&1&0\\1&0&-3\end{pmatrix}$　　B. $\begin{pmatrix}-2&0&0\\0&3&-2\\0&-2&-3\end{pmatrix}$

C. $\begin{pmatrix}-1&0&0\\0&-2&0\\0&1&-3\end{pmatrix}$　　D. $\begin{pmatrix}1&-1&2\\-1&3&0\\2&0&9\end{pmatrix}$

三、当 a 满足什么条件时，二次曲面 $x^2+(a+2)y^2+az^2+2xy=5$ 是一个椭球面.

四、设 $\boldsymbol{A}$ 为 n 阶正定矩阵，证明：$|\boldsymbol{A}+\boldsymbol{E}|>1$.

五、设 $\boldsymbol{A}$ 为 $m\times n$ 矩阵，$\boldsymbol{R}(\boldsymbol{A})=n$. 证明：$\boldsymbol{A}^{\mathrm{T}}\boldsymbol{A}$ 为正定矩阵.

能力提升

1. 设 $\boldsymbol{A}$ 为 3 阶实对称矩阵，且满足条件 $\boldsymbol{A}^2+2\boldsymbol{A}=\boldsymbol{O}$，已知 $\boldsymbol{A}$ 的秩等于 2，求：

(1) $\boldsymbol{A}$ 的全部特征值；

(2) 当 k 为何值时，矩阵 $\boldsymbol{A}+k\boldsymbol{E}$ 为正定矩阵，其中 $\boldsymbol{E}$ 为 3 阶单位矩阵.

2. 证明：

(1) 若 $\boldsymbol{A}$ 为正定矩阵，则 $\boldsymbol{A}^{-1}$ 也为正定矩阵；

(2) 若 $\boldsymbol{A}$, $\boldsymbol{B}$ 都是 n 阶正定矩阵，则 $\boldsymbol{A}+\boldsymbol{B}$ 也为正定矩阵；

(3) 若 $\boldsymbol{A}$，$\boldsymbol{B}$ 都是 n 阶正定矩阵，则为 $\boldsymbol{AB}$ 正定矩阵的充要条件是 $\boldsymbol{AB}=\boldsymbol{BA}$.

A

第一章　行　列　式

第一节　二阶与三阶行列式

基础训练

一、填空题

1. 1　　2. -1

3. $a(be-cd)$

4. $-a_{13}a_{22}a_{31}$，$-a_{11}a_{23}a_{32}$，$-a_{12}a_{21}a_{33}$

5. $\lambda=1$ 或 $\lambda=10$

二、计算题

1. $x_1=3$，$x_2=-1$

2. (1) $D_3=0$；(2) $D_3=(1+a_1)(1+a_2)(1+a_3)-(a_1+a_2+a_3)-1$

三、证明题

1. 根据三阶行列式对角线法则，有

左边$=a_{11}a_{22}a_{33}+a_{12}a_{23}a_{31}+a_{13}a_{21}a_{32}-a_{13}a_{22}a_{31}-a_{12}a_{21}a_{33}-a_{11}a_{23}a_{32}=$右边

2. 根据三阶行列式对角线法则，有

$$\begin{aligned}\text{左边}&=a_{11}a_{22}a_{33}+a_{12}a_{23}a_{31}+a_{13}a_{21}a_{32}-a_{13}a_{22}a_{31}-a_{12}a_{21}a_{33}-a_{11}a_{23}a_{32}\\&=a_{11}(a_{22}a_{33}-a_{23}a_{32})-a_{12}(a_{21}a_{33}-a_{23}a_{31})+a_{13}(a_{21}a_{32}-a_{22}a_{31})\\&=a_{11}\begin{vmatrix}a_{22}&a_{23}\\a_{32}&a_{33}\end{vmatrix}-a_{12}\begin{vmatrix}a_{21}&a_{23}\\a_{31}&a_{33}\end{vmatrix}+a_{13}\begin{vmatrix}a_{21}&a_{22}\\a_{31}&a_{32}\end{vmatrix}\\&=\text{右边}\end{aligned}$$

能力提升

1. 根据二阶行列式对角线法则，有

$$\lim_{x\to0}\frac{\begin{vmatrix}0&-\sin x\\\sin^2x&0\end{vmatrix}}{\begin{vmatrix}\sin x&\cos x\\x&1\end{vmatrix}}=\lim_{x\to0}\frac{\sin^3x}{\sin x-x\cos x}$$

$$\xlongequal{x^3\sim\sin^3x}\lim_{x\to0}\frac{x^3}{\sin x-x\cos x}$$

$$\xlongequal{\text{洛必达法则}}\lim_{x\to0}\frac{3x^2}{x\sin x}$$

$$=3\lim_{x\to0}\frac{x}{\sin x}=3$$

2. 设 $f(x)=a_3x^3+a_2x^2+a_1x+a_0$，$a_3\neq0$，则

$f'(a)=3a_3a^2+2a_2a+a_1$，$f''(a)=6a_3a+2a_2$，$f'''(a)=6a_3$，$f^{(4)}(a)=f^5(a)=0$，
于是

$$D=\begin{vmatrix} f'(a) & f''(a) & f'''(a) \\ f''(a) & f'''(a) & 0 \\ f'''(a) & 0 & 0 \end{vmatrix}$$

$$=-[f'''(a)]^3$$

$$=216a_3^3$$

3. 证明：(1)“⇒”. 由 $cd\neq0$，取 $x=0$，有 $\dfrac{ax+b}{cx+d}=\dfrac{b}{d}$. 又 $\dfrac{ax+b}{cx+d}$ 的值与 x 无关，则对分式 $\dfrac{ax+b}{cx+d}$ 有意义的任意 x，都有

$$\frac{ax+b}{cx+d}=\frac{b}{d}$$

于是，$(ad-bc)x=0$，由 x 任意性可知 $ad-bc=0$，那么 $\begin{vmatrix} a & b \\ c & d \end{vmatrix}=0$.

(2)“⇐”. 若 $\begin{vmatrix} a & b \\ c & d \end{vmatrix}=0$，则 $ad=bc$. 又 $cd\neq0$，不妨设 $d\neq0$，有

$$\frac{ax+b}{cx+d}=\frac{adx+bd}{cdx+d^2}=\frac{bcx+bd}{cdx+d^2}=\frac{b(cx+d)}{d(cx+d)}=\frac{b}{d}$$

于是，分式 $\dfrac{ax+b}{cx+d}$ 的值与 x 无关.

第三节　n 阶行列式的定义

基础训练

一、填空题

1. $\prod\limits_{i=1}^{n}\lambda_i$

2. $-a_{11}a_{23}a_{32}a_{44}$

3. -1

二、计算题

1. 0

2. $D_n=(-1)^{\frac{(n-1)(n-2)}{2}}a_1a_2\cdots a_n$

三、证明题

1. 根据行列式的定义容易证明.

2. 左边 $=(-1)^{\tau(n(n-1)\cdots21)}a_1a_2\cdots a_n=(-1)^{\frac{n(n-1)}{2}}a_1a_2\cdots a_n=$ 右边

其中 $\tau(n(n-1)\cdots21)$ 表示排列 $n(n-1)\cdots21$ 的逆序数.

能力提升

1. 设 $D_n=\det(a_{ij})$，则由行列式的定义，有

$$D_n=\sum_{s_1s_2\cdots s_n}(-1)^{\tau(s_1s_2\cdots s_n)}a_{1s_1}a_{2s_2}\cdots a_{ns_n}$$

再设 D_n 中位于第 $i_1,i_2,\cdots,i_k$ 行和第 $j_1,j_2,\cdots,j_l$ 列交叉位置的元素为零，即

$$a_{i_rj_t}=0\quad(r=1,2,\cdots,k;\ t=1,2,\cdots,l)$$

任取 $s_1s_2\cdots s_n$ 的一个排列，为了表述方便，将该排列仍记为 $s_1s_2\cdots s_n$，此时 $j_1,j_2,\cdots,j_l$ 在 $s_1s_2\cdots s_n$ 中的位置确定. 记列 $j_1,j_2,\cdots,j_l$ 对应的元素为 $a_{k_1j_1},a_{k_2j_2},\cdots,a_{k_lj_l}$. 若 $a_{k_1j_1}$，$a_{k_2j_2},\cdots,a_{k_lj_l}$ 均不为零，由已知可得第 $i_1,i_2,\cdots,i_k$ 行不包含第 $k_1,k_2,\cdots,k_l$ 行，于是

$$l\leqslant n-k$$

那么

$$k+l\leqslant k+(n-k)=n$$

这与 $k+l>n$ 矛盾，从而 $a_{k_1j_1},a_{k_2j_2},\cdots,a_{k_lj_l}$ 中至少有一个为零，故与排列 $s_1s_2\cdots s_n$ 对应的 $a_{1s_1}a_{2s_2}\cdots a_{ns_n}$ 为 0，最后由排列 $s_1s_2\cdots s_n$ 的任意性可知 $D_n=0$.

2. 证明：根据行列式的定义，有

$$F(x)=\sum_{i_1i_2\cdots i_n}(-1)^{\tau(i_1i_2\cdots i_n)}f_{i_1,1}(x)f_{i_2,2}(x)\cdots f_{i_n,n}(x).$$

于是

$$\begin{aligned}\frac{\mathrm{d}}{\mathrm{d}x}F(x)&=\frac{\mathrm{d}}{\mathrm{d}x}\Big[\sum_{i_1i_2\cdots i_n}(-1)^{\tau(i_1i_2\cdots i_n)}f_{i_1,1}(x)f_{i_2,2}(x)\cdots f_{i_n,n}(x)\Big]\\&=\sum_{i_1i_2\cdots i_n}(-1)^{\tau(i_1i_2\cdots i_n)}\frac{\mathrm{d}}{\mathrm{d}x}[f_{i_1,1}(x)f_{i_2,2}(x)\cdots f_{i_n,n}(x)]\\&=\sum_{i_1i_2\cdots i_n}(-1)^{\tau(i_1i_2\cdots i_n)}\sum_{j=1}^{n}f_{i_1,1}(x)\cdots f_{i_{j-1},1}(x)\Big[\frac{\mathrm{d}}{\mathrm{d}x}f_{i_j,2}(x)\Big]f_{i_{j+1},1}(x)\cdots f_{i_n,n}(x)\\&=\sum_{j=1}^{n}\sum_{i_1i_2\cdots i_n}(-1)^{\tau(i_1i_2\cdots i_n)}f_{i_1,1}(x)\cdots f_{i_{j-1},1}(x)\Big[\frac{\mathrm{d}}{\mathrm{d}x}f_{i_j,2}(x)\Big]f_{i_{j+1},1}(x)\cdots f_{i_n,n}(x)\\&=\sum_{j=1}^{n}\begin{vmatrix}f_{11}(x)&\cdots&\frac{\mathrm{d}}{\mathrm{d}x}f_{1j}(x)&\cdots&f_{1n}(x)\\f_{21}(x)&\cdots&\frac{\mathrm{d}}{\mathrm{d}x}f_{2j}(x)&\cdots&f_{2n}(x)\\\vdots&&\vdots&&\vdots\\f_{n1}(x)&\cdots&\frac{\mathrm{d}}{\mathrm{d}x}f_{nj}(x)&\cdots&f_{nn}(x)\end{vmatrix}\end{aligned}$$

3. 根据行列式定义，有

$$\begin{vmatrix}b_{11}&b_{12}&\cdots&b_{1n}\\b_{21}&b_{22}&\cdots&b_{2n}\\\vdots&\vdots&&\vdots\\b_{n1}&b_{n2}&\cdots&b_{nn}\end{vmatrix}=\sum_{j_1j_2\cdots j_2}(-1)^{\tau(j_1j_2\cdots j_n)}b_{1j_1}b_{2j_2}\cdots b_{nj_n}$$

$$
\begin{aligned}
&=\sum_{j_1j_2\cdots j_2}(-1)^{\tau(j_1j_2\cdots j_n)}\left[(-1)^{1+j_1}a_{1j_1}\right]\left[(-1)^{2+j_2}a_{2j_2}\right]\cdots\left[(-1)^{n+j_n}a_{nj_n}\right]\\
&=\sum_{j_1j_2\cdots j_2}(-1)^{\tau(j_1j_2\cdots j_n)+(1+2+\cdots+n)+(j_1+j_2+\cdots+j_n)}a_{1j_1}a_{2j_2}\cdots a_{nj_n}\\
&=\sum_{j_1j_2\cdots j_2}(-1)^{\tau(j_1j_2\cdots j_n)+n(n+1)}a_{1j_1}a_{2j_2}\cdots a_{nj_n}\\
&=\sum_{j_1j_2\cdots j_2}(-1)^{\tau(j_1j_2\cdots j_n)}a_{1j_1}a_{2j_2}\cdots a_{nj_n}\\
&=\delta
\end{aligned}
$$

第五节　行列式按行(列)展开

基础训练

一、选择题

1. D

2. A

二、填空题

1. $A_{31}+A_{32}+A_{33}+A_{34}=0$，$A_{41}-A_{43}+2A_{44}=-39$

2. 7

3. 12

三、计算题

1.

$$
D_n \xlongequal{\text{按第 1 列展开}} a\begin{vmatrix} a & b & 0 & \cdots & 0 & 0\\ 0 & a & b & \cdots & 0 & 0\\ 0 & 0 & a & \cdots & 0 & 0\\ \vdots & \vdots & \vdots & & \vdots & \vdots\\ 0 & 0 & 0 & \cdots & a & b\\ 0 & 0 & 0 & \cdots & 0 & a \end{vmatrix} +(-1)^{n+1}b\begin{vmatrix} b & 0 & 0 & \cdots & 0 & 0\\ a & b & 0 & \cdots & 0 & 0\\ 0 & a & b & \cdots & 0 & 0\\ \vdots & \vdots & \vdots & & \vdots & \vdots\\ 0 & 0 & 0 & \cdots & b & 0\\ 0 & 0 & 0 & \cdots & a & b \end{vmatrix}
$$

$=a^n+(-1)^{n+1}b^n$

注：上述行列式为两线型行列式，一般通过按行(列)展开降低原行列式阶数(降阶法). 降阶法以行列式按行(列)展开定理为理论基础，它在计算两线型行列式中扮演着重要角色. 两线型行列式具有如下形式：

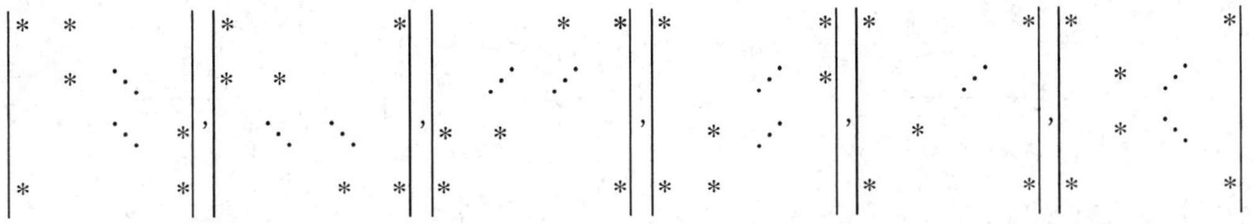

其中空白处元素均为零.

2.

$$D_n \xlongequal{r_i+r_2\times(-1),i\neq 2} \begin{vmatrix} -1 & 0 & 0 & \cdots & 0 \\ 2 & 2 & 2 & \cdots & 2 \\ 0 & 0 & 1 & \cdots & 0 \\ \vdots & \vdots & \vdots & \ddots & \vdots \\ 0 & 0 & 0 & \cdots & n-2 \end{vmatrix}$$

$$\xlongequal{\text{按第 1 行展开}} -1\begin{vmatrix} 2 & 2 & \cdots & 2 \\ 0 & 1 & \cdots & 0 \\ \vdots & \vdots & & \vdots \\ 0 & 0 & \cdots & n-2 \end{vmatrix}$$

$$=-2(n-2)!$$

3. 把 D_n 增加 1 行 1 列，得到一个 $n+1$ 阶行列式 M_{n+1}，有

$$D_n = M_{n+1} = \begin{vmatrix} 1 & -y_1 & -y_2 & \cdots & -y_n \\ 0 & x_1y_1+1 & x_1y_2 & \cdots & x_1y_n \\ 0 & x_2y_1 & x_2y_2+1 & \cdots & x_2y_n \\ \vdots & \vdots & \vdots & & \vdots \\ 0 & x_ny_1 & x_ny_2 & \cdots & x_ny_n+1 \end{vmatrix}$$

$$\xlongequal{r_i+r_1\times x_{i-1},i=2,\cdots,n+1} \begin{vmatrix} 1 & -y_1 & -y_2 & \cdots & -y_n \\ x_1 & 1 & 0 & \cdots & 0 \\ x_2 & 0 & 1 & \cdots & 0 \\ \vdots & \vdots & \vdots & & \vdots \\ x_n & 0 & 0 & \cdots & 1 \end{vmatrix}$$

$$\xlongequal{r_1+r_i\times y_{i-1},i=2,\cdots,n+1} \begin{vmatrix} 1+\sum\limits_{k=1}^{n} x_ky_k & 0 & 0 & \cdots & 0 \\ x_1 & 1 & 0 & \cdots & 0 \\ x_2 & 0 & 1 & \cdots & 0 \\ \vdots & \vdots & \vdots & & \vdots \\ x_n & 0 & 0 & \cdots & 1 \end{vmatrix}$$

$$= 1+\sum_{k=1}^{n} x_ky_k$$

四、证明题

1.

$$\text{左边} \xlongequal[\substack{c_1+c_2\times(-1)\\ c_3+c_2\times(-1)}]{} \begin{vmatrix} a(a-b) & ab & b(b-a) \\ a-b & a+b & b-a \\ 0 & 1 & 0 \end{vmatrix}$$

$$\xlongequal[\text{按第 2 列展开}]{} (a-b)^2\begin{vmatrix} a & ab & -b \\ 1 & a+b & -1 \\ 0 & 1 & 0 \end{vmatrix} = (a-b)^3 = \text{右边}$$

2.

$$V_4 \xlongequal{r_{i+1}+r_i\times(-a_4),i=3,2,1} \begin{vmatrix} 1 & 1 & 1 & 1 \\ a_1-a_4 & a_2-a_4 & a_3-a_4 & 0 \\ a_1(a_1-a_4) & a_2(a_2-a_4) & a_3(a_3-a_4) & 0 \\ a_1^2(a_1-a_4) & a_2^2(a_2-a_4) & a_3^2(a_3-a_4) & 0 \end{vmatrix}$$

$$\xlongequal[\text{按第 4 列展开}]{} -\begin{vmatrix} a_1-a_4 & a_2-a_4 & a_3-a_4 \\ a_1(a_1-a_4) & a_2(a_2-a_4) & a_3(a_3-a_4) \\ a_1^2(a_1-a_4) & a_2^2(a_2-a_4) & a_3^2(a_3-a_4) \end{vmatrix}$$

$$= \prod_{i=1}^{3}(a_4-a_i)V_3 = \left[\prod_{i=1}^{3}(a_4-a_i)\right]\left[\prod_{i=1}^{2}(a_4-a_i)\right]V_2$$

$$= \left[\prod_{i=1}^{3}(a_4-a_i)\right]\left[\prod_{i=1}^{2}(a_4-a_i)\right](a_2-a_1)$$

$$= \prod_{1\leqslant i<j\leqslant 4}(a_j-a_i)$$

$$= \text{右边}$$

能力提升

1.

$$\begin{vmatrix} 0 & a & b & 0 \\ a & 0 & 0 & b \\ 0 & c & d & 0 \\ c & 0 & 0 & d \end{vmatrix} \xlongequal[\text{按第 1 列展开}]{} -a\begin{vmatrix} a & b & 0 \\ c & d & 0 \\ 0 & 0 & d \end{vmatrix} - c\begin{vmatrix} a & b & 0 \\ 0 & 0 & b \\ c & d & 0 \end{vmatrix}$$

$$=-ad(ad-bc)+bc(ad-bc)=-(ad-bc)^2$$

因此选 B.

2.

$$F_n \xlongequal[\text{按第 1 列展开}]{} F_{n-1} + \begin{vmatrix} 1 & 0 & 0 & \cdots & 0 & 0 \\ -1 & 1 & 1 & \cdots & 0 & 0 \\ 0 & -1 & 1 & \cdots & 0 & 0 \\ \vdots & \vdots & \vdots & & \vdots & \vdots \\ 0 & 0 & 0 & \cdots & 1 & 1 \\ 0 & 0 & 0 & \cdots & -1 & 1 \end{vmatrix}$$

$$\xlongequal[\text{按第 1 列展开}]{} F_{n-1}+F_{n-2}$$

记 $x_1=\dfrac{1-\sqrt{5}}{2}$，$x_2=\dfrac{1+\sqrt{5}}{2}$为 $x^2-x-1=0$ 的两个根，有

$$F_n-x_1F_{n-1}=x_2(F_{n-1}-x_1F_{n-2})$$

则 $F_n-x_1F_{n-1}$可以看作一个首项为 $F_2-x_1F_1=2-x_1=x_2^2$，公比为 x_2 的等比数列，于是

$$F_n-x_1F_{n-1}=x_2^n$$

那么

$$\begin{aligned}F_n &= x_1F_{n-1}+x_2^n \\ &= x_1^2F_{n-2}+x_1x_2^{n-1}+x_2^n \\ &\quad\cdots \\ &= x_1^{n-1}F_1+x_1^{n-2}x_2^2+\cdots+x_1x_2^{n-1}+x_2^n \\ &= x_1^{n-1}+x_1^{n-2}x_2^2+\cdots+x_1x_2^{n-1}+x_2^n \\ &= x_1^{n-1}(x_1+x_2)+x_1^{n-2}x_2^2+\cdots+x_1x_2^{n-1}+x_2^n \\ &= x_1^n+x_1^{n-1}x_2+x_1^{n-2}x_2^2+\cdots+x_1x_2^{n-1}+x_2^n \\ &= \frac{x_2^{n+1}-x_1^{n+1}}{x_2-x_1} \\ &= \frac{1}{\sqrt{5}}\left[\left(\frac{1+\sqrt{5}}{2}\right)^{n+1}-\left(\frac{1-\sqrt{5}}{2}\right)^{n+1}\right]\end{aligned}$$

因此选 C.

3.

$$D_4 \xlongequal{\text{按第 1 列展开}} \lambda D_3+4=\lambda^2D_2+3\lambda+4=\lambda^4+\lambda^3+2\lambda^2+3\lambda+4$$

注：一般地，一个 n 阶 Hessenberg 型行列式为

$$D_n=\begin{vmatrix} x_n & -1 & 0 & \cdots & 0 & 0 \\ 0 & x_{n-1} & -1 & \cdots & 0 & 0 \\ 0 & 0 & x_{n-2} & \cdots & 0 & 0 \\ \vdots & \vdots & \vdots & & \vdots & \vdots \\ 0 & 0 & 0 & \cdots & x_2 & -1 \\ a_n & a_{n-1} & a_{n-2} & \cdots & a_2 & x_1+a_1 \end{vmatrix} = a_n+\sum_{i=1}^{n}\prod_{j=i}^{n}x_ja_{i-1}$$

其中 $a_0=1$. 通常采用归纳法和递推法(此例所用方法)计算，这一结果的证明可仿照上面的思路完成.

★4.

$$D_n \xlongequal{r_i+r_{i+1}\times(-1),i=1,\cdots,n-1} \begin{vmatrix} 1-x & 1 & 1 & \cdots & 1 & 1 \\ 0 & 1-x & 1 & \cdots & 1 & 1 \\ 0 & 0 & 1-x & \cdots & 1 & 1 \\ \vdots & \vdots & \vdots & & \vdots & \vdots \\ 0 & 0 & 0 & \cdots & 1-x & 1 \\ x & x & x & \cdots & x & 1 \end{vmatrix}$$

$$\xlongequal{c_{j+1}+c_j\times(-1),j=n-2,\cdots,1} \begin{vmatrix} 1-x & x & 0 & \cdots & 0 & 1 \\ 0 & 1-x & x & \cdots & 0 & 1 \\ 0 & 0 & 1-x & \cdots & 0 & 1 \\ \vdots & \vdots & \vdots & & \vdots & \vdots \\ 0 & 0 & 0 & \cdots & 1-x & 1 \\ x & 0 & 0 & \cdots & 0 & 1 \end{vmatrix}$$

$$\xlongequal{\text{按第 1 列展开}} (1-x)^{n-1}+(-1)^{n+1}x^{n-1}$$

5. 一方面：

$$D_n \xlongequal{\text{按第 1 列分裂}} \begin{vmatrix} x+a & a & a & \cdots & a \\ 0 & x & a & \cdots & a \\ 0 & -a & x & \cdots & a \\ \vdots & \vdots & \vdots & & \vdots \\ 0 & -a & -a & \cdots & x \end{vmatrix} + \begin{vmatrix} -a & a & a & \cdots & a \\ -a & x & a & \cdots & a \\ -a & -a & x & \cdots & a \\ \vdots & \vdots & \vdots & & \vdots \\ -a & -a & -a & \cdots & x \end{vmatrix}$$

$$\xlongequal[c_j+c_1, j=2,\cdots,n]{} (x+a)D_{n-1} + \begin{vmatrix} -a & 0 & 0 & \cdots & 0 \\ -a & x-a & 0 & \cdots & 0 \\ -a & -2a & x-a & \cdots & 0 \\ \vdots & \vdots & \vdots & & \vdots \\ -a & -2a & -2a & \cdots & x-a \end{vmatrix}$$

$$=(x+a)D_{n-1}-a(x-a)^{n-1}$$

另一方面：

$$D_n \xlongequal{\text{按第 1 列分裂}} \begin{vmatrix} x-a & a & a & \cdots & a \\ 0 & x & a & \cdots & a \\ 0 & -a & x & \cdots & a \\ \vdots & \vdots & \vdots & & \vdots \\ 0 & -a & -a & \cdots & x \end{vmatrix} + \begin{vmatrix} a & a & a & \cdots & a \\ -a & x & a & \cdots & a \\ -a & -a & x & \cdots & a \\ \vdots & \vdots & \vdots & & \vdots \\ -a & -a & -a & \cdots & x \end{vmatrix}$$

$$\xlongequal{r_i+r_1, i=2,\cdots,n} (x-a)D_{n-1} + \begin{vmatrix} a & a & a & \cdots & a \\ 0 & x+a & 2a & \cdots & 2a \\ 0 & 0 & x+a & \cdots & a \\ \vdots & \vdots & \vdots & & \vdots \\ 0 & 0 & 0 & \cdots & x+a \end{vmatrix}$$

$$=(x-a)D_{n-1}+a\,(x+a)^{n-1}$$

联立 $D_n=(x+a)D_{n-1}-a\,(x-a)^{n-1}$ 与 $D_n=(x-a)D_{n-1}+a\,(x+a)^{n-1}$ 可解得

$$2aD_n=a[(x+a)^n+(x-a)^n]$$

当 $a=0$ 时，由已知可得 $D_n=x^n$；当 $a\neq 0$ 时，有 $D_n=\dfrac{(x+a)^n+(x-a)^n}{2}$.

综上所述，有

$$D_n=\frac{(x+a)^n+(x-a)^n}{2}$$

6. 令

$$F(x)=\begin{vmatrix} f(a) & g(a) & h(a) \\ f(b) & g(b) & h(b) \\ f(x) & g(x) & h(x) \end{vmatrix}$$

由函数 $f(x),g(x),h(x)$ 均可导以及行列式定义及性质，有 $F(x)$ 在 $[a,b]$ 可导，且 $F(a)=F(b)=0$. 根据 *Rolle* 定理，存在一点 $\xi\in(a,b)$，使得 $F'(\xi)=0$. 又

$$F(x)\xlongequal{\text{按第 3 行展开}}A_{31}f(x)+A_{32}g(x)+A_{33}h(x)$$

其中 A_{ij} 为 $F(x)$ 对应行列式中元素 a_{ij} 的代数余子式，$i,j=1,2,3$. 根据行列式按行(列)展

开定理，有

$$F'(x)=A_{31}f'(x)+A_{32}g'(x)+A_{33}h'(x)=\begin{vmatrix} f(a) & g(a) & h(a) \\ f(b) & g(b) & h(b) \\ f'(x) & g'(x) & h'(x) \end{vmatrix}$$

于是

$$F'(\xi)=\begin{vmatrix} f(a) & g(a) & h(a) \\ f(b) & g(b) & h(b) \\ f'(\xi) & g'(\xi) & h'(\xi) \end{vmatrix}=0$$

★7. (1) 证明略.

(2) 记 $\boldsymbol{\alpha}=\overrightarrow{OA_1}$，$\boldsymbol{\beta}=\overrightarrow{OC_1}$，$\boldsymbol{\gamma}=\overrightarrow{OO_2}$，则 $V=|(\boldsymbol{\alpha}\times\boldsymbol{\beta})\cdot\boldsymbol{\gamma}|$，其中$(\boldsymbol{\alpha}\times\boldsymbol{\beta})\cdot\boldsymbol{\gamma}$ 为向量 $\boldsymbol{\alpha}$，$\boldsymbol{\beta}$，$\boldsymbol{\gamma}$ 的混合积. 根据向量积的计算及行列式的代数余子式定义，有

$$\boldsymbol{\alpha}\times\boldsymbol{\beta}=(A_{31},A_{32},A_{33})$$

其中，A_{ij} 为 D_3 中元素 a_{ij} 的代数余子式，$i,j=1,2,3$. 根据行列式按行(列)展开定理，有

$$(\boldsymbol{\alpha}\times\boldsymbol{\beta})\cdot\boldsymbol{\gamma}=a_{31}A_{31}+a_{32}A_{32}+a_{33}A_{33}=D_3$$

于是 $V=|(\boldsymbol{\alpha}\times\boldsymbol{\beta})\cdot\boldsymbol{\gamma}|=|D_3|$.

第二章　矩阵及其运算

第一节　线性方程组和矩阵

基础训练

一、填空题

1. $\begin{pmatrix} 3 & -1 & 1 \\ 1 & 1 & -2 \\ -1 & 1 & -1 \end{pmatrix}$　　$\begin{pmatrix} 3 & -1 & 1 & 1 \\ 1 & 1 & -2 & 1 \\ -1 & 1 & -1 & 2 \end{pmatrix}$

2. $m=s$，$n=t$　　$m=s$，$n=t$ 且 $a_{ij}=b_{ij}$，$i=1,2,\cdots,m$；$j=1,2,\cdots,n$

3. 元素全为零　O　主对角线元素全为 1 且其余元素全为零　E

4. $\begin{pmatrix} 0 & 1 & 1 & 1 \\ 1 & 0 & 0 & 0 \\ 0 & 1 & 0 & 0 \\ 1 & 0 & 1 & 0 \end{pmatrix}$

二、计算题

1. 设所需甲、乙、丙三种化肥重量分别为 x_1,x_2,x_3(单位：kg)，由题意 x_1,x_2,x_3 满足线性方程组

$$\begin{cases} x_1+x_2+x_3=23 \\ 8x_1+10x_2+5x_3=149 \\ 2x_1+0.6x_2+1.4x_3=30 \end{cases}$$

其常数矩阵为 $\begin{pmatrix} 23 \\ 149 \\ 30 \end{pmatrix}$.

2. 对应的矩阵为 $\begin{pmatrix} \cos\theta & -\sin\theta \\ \sin\theta & \cos\theta \end{pmatrix}$；线性变换的含义为把空间点以坐标原点为中心逆时针旋转 θ 角.

能力提升

★1. (1) $\begin{pmatrix} \sin\varphi\cos\theta & r\cos\varphi\cos\theta & -r\sin\varphi\sin\theta \\ \sin\varphi\sin\theta & r\cos\varphi\sin\theta & r\sin\varphi\cos\theta \\ \cos\varphi & -r\sin\varphi & 0 \end{pmatrix}$；

(2)
$$\frac{\partial(x,y,z)}{\partial(r,\varphi,\theta)}=\begin{vmatrix} \sin\varphi\cos\theta & r\cos\varphi\cos\theta & -r\sin\varphi\sin\theta \\ \sin\varphi\sin\theta & r\cos\varphi\sin\theta & r\sin\varphi\cos\theta \\ \cos\varphi & -r\sin\varphi & 0 \end{vmatrix}$$
$$=r^2\sin\varphi\begin{vmatrix} \sin\varphi\cos\theta & \cos\varphi\cos\theta & -\sin\theta \\ \sin\varphi\sin\theta & \cos\varphi\sin\theta & \cos\theta \\ \cos\varphi & -\sin\varphi & 0 \end{vmatrix}$$
$$=r^2\sin\varphi\begin{vmatrix} \cos\theta & \cos\varphi\cos\theta & -\sin\theta \\ \sin\theta & \cos\varphi\sin\theta & \cos\theta \\ \cos\varphi & -\sin^2\varphi & 0 \end{vmatrix}$$
$$\xlongequal[c_2+c_1\times(-\cos\varphi)]{}r^2\sin\varphi\begin{vmatrix} \cos\theta & 0 & -\sin\theta \\ \sin\theta & 0 & \cos\theta \\ \cos\varphi & -1 & 0 \end{vmatrix}$$
$$=r^2\sin\varphi\begin{vmatrix} \cos\theta & -\sin\theta \\ \sin\theta & \cos\theta \end{vmatrix}$$
$$=r^2\sin\varphi$$

2. $$\boldsymbol{H}_f(1,2,1)=\begin{pmatrix} -10 & 4 & 4 \\ 4 & -12 & 0 \\ 4 & 0 & -8 \end{pmatrix}$$

第三节　逆　矩　阵

基础训练

一、选择题

1. D　2. A　3. B

二、填空题

1. $\begin{pmatrix}3 & 2\\ 7 & 6\end{pmatrix}$

2. diag(2,2,1)

3. 2

4. $\begin{cases}x=x'\cos\theta+y'\sin\theta\\ y=-x'\sin\theta+y'\cos\theta\end{cases}$

5. $\begin{pmatrix}-a-1 & -b\\ -b & -a-1\end{pmatrix}$

6. 64

7. 由已知，有 P 可逆，则

$$\boldsymbol{A}=\boldsymbol{P\Lambda P}^{-1}$$

于是 $\forall m\in\mathbf{N}$，有

$$\begin{aligned}\boldsymbol{A}^m&=\underbrace{(\boldsymbol{P\Lambda P}^{-1})(\boldsymbol{P\Lambda P}^{-1})\cdots(\boldsymbol{P\Lambda P}^{-1})}_{m个}\\&=\boldsymbol{P\Lambda}(\boldsymbol{P}^{-1}\boldsymbol{P})\boldsymbol{\Lambda}(\boldsymbol{P}^{-1}\boldsymbol{P})\cdots\boldsymbol{\Lambda}(\boldsymbol{P}^{-1}\boldsymbol{P})\boldsymbol{\Lambda P}^{-1}\\&=\boldsymbol{P\Lambda}^m\boldsymbol{P}^{-1}\end{aligned}$$

那么

$$\begin{aligned}\boldsymbol{A}^8-\boldsymbol{A}+\boldsymbol{E}&=\boldsymbol{P\Lambda}^8\boldsymbol{P}^{-1}-\boldsymbol{P\Lambda P}^{-1}+\boldsymbol{PEP}^{-1}\\&=\boldsymbol{P}(\boldsymbol{\Lambda}^8-\boldsymbol{\Lambda}+\boldsymbol{E})\boldsymbol{P}^{-1}\\&=\begin{pmatrix}3 & -2\\ 0 & 1\end{pmatrix}\end{aligned}$$

8. x_1,x_2,x_3,x_4 为互不相同的数

三、计算题

1. $\boldsymbol{A}^{-1}=\begin{pmatrix}-\frac{3}{2} & 1 & 1\\ -2 & 1 & 1\\ \frac{5}{6} & -\frac{1}{3} & -\frac{2}{3}\end{pmatrix}$

2. (1) $\boldsymbol{X}=\begin{pmatrix}0\\ -1\\ 0\end{pmatrix}$； (2) $\boldsymbol{Y}=\begin{pmatrix}\frac{3}{2} & 0\\ 1 & -1\\ -\frac{1}{2} & 0\end{pmatrix}$

★3. $\boldsymbol{X}=\boldsymbol{A}+\boldsymbol{E}=\begin{pmatrix}2 & 0 & 1\\ 0 & 3 & 0\\ 1 & 0 & 2\end{pmatrix}$

4. 由 $16=|\boldsymbol{A}^*|=|\boldsymbol{A}|^2$，解得 $|\boldsymbol{A}|=\pm4$，则

$$\boldsymbol{A}^*\boldsymbol{A}=\boldsymbol{AA}^*=|\boldsymbol{A}|\boldsymbol{E}=\pm4\boldsymbol{E}$$

于是

$$\boldsymbol{ABA}^{-1}=\boldsymbol{BA}^{-1}-\boldsymbol{E}\xrightleftharpoons{\text{两端同时左乘}A^*\text{右乘}A}|\boldsymbol{A}|\boldsymbol{B}=\boldsymbol{A}^*\boldsymbol{B}-|\boldsymbol{A}|\boldsymbol{E}$$

$$\rightleftharpoons(\boldsymbol{A}^*-|\boldsymbol{A}|\boldsymbol{E})\boldsymbol{B}=|\boldsymbol{A}|\boldsymbol{E}$$

$$\rightleftharpoons\left(\frac{\boldsymbol{A}^*}{|\boldsymbol{A}|}-\boldsymbol{E}\right)\boldsymbol{B}=\boldsymbol{E}$$

根据可逆矩阵的定义，有$\left(\frac{\boldsymbol{A}^*}{|\boldsymbol{A}|}-\boldsymbol{E}\right)$可逆，且

$$\boldsymbol{B}=\left(\frac{\boldsymbol{A}^*}{|\boldsymbol{A}|}-\boldsymbol{E}\right)^{-1}$$

当$|\boldsymbol{A}|=-4$时，有$\frac{\boldsymbol{A}^*}{|\boldsymbol{A}|}-\boldsymbol{E}=\mathrm{diag}\left(-\frac{3}{2},\ -\frac{3}{2},\ -2\right)$，那么

$$\boldsymbol{B}=\mathrm{diag}\left(-\frac{2}{3},-\frac{2}{3},\ -\frac{1}{2}\right)$$

当$|\boldsymbol{A}|=4$时，有$\frac{\boldsymbol{A}^*}{|\boldsymbol{A}|}-\boldsymbol{E}=\mathrm{diag}\left(-\frac{1}{2},\ -\frac{1}{2},\ 0\right)$不可逆矛盾，舍去. 综上所述，有

$$\boldsymbol{B}=\mathrm{diag}\left(-\frac{2}{3},-\frac{2}{3},\ -\frac{1}{2}\right)$$

四、证明题

★1. $(\boldsymbol{A}+2\boldsymbol{E})^{-1}=(\boldsymbol{A}^2)^{-1}=(\boldsymbol{A}^{-1})^2=\frac{(\boldsymbol{A}-\boldsymbol{E})^2}{4}$

2. 根据矩阵可逆的定义和矩阵乘法容易证明.

能力提升

★1.

$$\boldsymbol{A}^{-1}=\boldsymbol{E}-\boldsymbol{B}+\boldsymbol{B}^2-\cdots+(-1)^{n-1}\boldsymbol{B}^{n-1}$$

$$=\begin{pmatrix} 1 & -1 & 1 & \cdots & (-1)^{n-2} & (-1)^{n-1} \\ 0 & 1 & -1 & \cdots & (-1)^{n-3} & (-1)^{n-2} \\ 0 & 0 & 1 & \cdots & (-1)^{n-4} & (-1)^{n-3} \\ \vdots & \vdots & \vdots & & \vdots & \vdots \\ 0 & 0 & 0 & \cdots & 1 & -1 \\ 0 & 0 & 0 & \cdots & 0 & 1 \end{pmatrix}$$

2. 由已知，有

$$(\boldsymbol{E}-\boldsymbol{J})\left(\boldsymbol{E}-\frac{1}{n-1}\boldsymbol{J}\right)=\boldsymbol{E}-\frac{n}{n-1}\boldsymbol{J}+\frac{1}{n-1}\boldsymbol{J}^2$$

令 $\boldsymbol{A}=(1)_{n\times 1}$，则

$$\boldsymbol{J}=\boldsymbol{AA}^{\mathrm{T}},\ \boldsymbol{J}^2=(\boldsymbol{AA}^{\mathrm{T}})^2=\boldsymbol{A}(\boldsymbol{A}^{\mathrm{T}}\boldsymbol{A})\boldsymbol{A}^{\mathrm{T}}=n\boldsymbol{AA}^{\mathrm{T}}=n\boldsymbol{J}$$

于是

$$\boldsymbol{E}-\frac{n}{n-1}\boldsymbol{J}+\frac{1}{n-1}\boldsymbol{J}^2=\boldsymbol{E}-\frac{n}{n-1}\boldsymbol{J}+\frac{n}{n-1}\boldsymbol{J}=\boldsymbol{E}$$

即

$$(\boldsymbol{E}-\boldsymbol{J})\left(\boldsymbol{E}-\frac{1}{n-1}\boldsymbol{J}\right)=\boldsymbol{E}$$

根据矩阵可逆的定义，有 $\boldsymbol{E}-\boldsymbol{J}$ 可逆，且

$$(\boldsymbol{E}-\boldsymbol{J})^{-1}=\boldsymbol{E}-\frac{1}{n-1}\boldsymbol{J}$$

3. (1) 由 $\boldsymbol{A}\boldsymbol{A}^*=|\boldsymbol{A}|\boldsymbol{E}$，有

$$|\boldsymbol{A}|\,|\boldsymbol{A}^*|=|\boldsymbol{A}\boldsymbol{A}^*|=|\,|\boldsymbol{A}|\boldsymbol{E}|=|\boldsymbol{A}|^n$$

当 $|\boldsymbol{A}|\neq0$ 时，有 $|\boldsymbol{A}^*|=|\boldsymbol{A}|^{n-1}$；

当 $|\boldsymbol{A}|=0$ 时，假设 $|\boldsymbol{A}^*|\neq0$，则 $\boldsymbol{A}^*$ 可逆，于是

$$\boldsymbol{A}=\boldsymbol{A}\boldsymbol{A}^*(\boldsymbol{A}^*)^{-1}=|\boldsymbol{A}|(\boldsymbol{A}^*)^{-1}=\boldsymbol{O}$$

那么 $\boldsymbol{A}^*=\boldsymbol{O}$，这与 $|\boldsymbol{A}^*|\neq0$ 矛盾，从而 $|\boldsymbol{A}^*|=0=|\boldsymbol{A}|^{n-1}$. 综上所述，有

$$|\boldsymbol{A}^*|=|\boldsymbol{A}|^{n-1}$$

(2)若 $\boldsymbol{A}$ 可逆，则 $|\boldsymbol{A}|\neq0$，于是 $|\boldsymbol{A}^*|=|\boldsymbol{A}|^{n-1}\neq0$，那么 $\boldsymbol{A}^*$ 可逆，且 $\boldsymbol{A}^*=|\boldsymbol{A}|\boldsymbol{A}^{-1}$. 从而

$$\boldsymbol{A}^*(\boldsymbol{A}^{-1})^*=|\boldsymbol{A}|\boldsymbol{A}^{-1}(\boldsymbol{A}^{-1})^*=|\boldsymbol{A}|\,|\boldsymbol{A}^{-1}|\boldsymbol{E}=\boldsymbol{E}$$

根据可逆矩阵的定义，有

$$(\boldsymbol{A}^*)^{-1}=(\boldsymbol{A}^{-1})^*$$

第五节 矩阵分块法

基础训练

一、填空题

1. $\begin{pmatrix}\boldsymbol{\alpha}^{\mathrm{T}}\\ \boldsymbol{\beta}^{\mathrm{T}}\\ \boldsymbol{\gamma}^{\mathrm{T}}\end{pmatrix}$ $\quad \boldsymbol{A}+\boldsymbol{B}=(2\boldsymbol{\alpha},\ 2\boldsymbol{\beta},\ \boldsymbol{\gamma}+\boldsymbol{\eta})$ $\quad \boldsymbol{A}^{\mathrm{T}}\boldsymbol{B}=\begin{pmatrix}\boldsymbol{\alpha}^{\mathrm{T}}\boldsymbol{\alpha} & \boldsymbol{\alpha}^{\mathrm{T}}\boldsymbol{\beta} & \boldsymbol{\alpha}^{\mathrm{T}}\boldsymbol{\eta}\\ \boldsymbol{\beta}^{\mathrm{T}}\boldsymbol{\alpha} & \boldsymbol{\beta}^{\mathrm{T}}\boldsymbol{\beta} & \boldsymbol{\beta}^{\mathrm{T}}\boldsymbol{\eta}\\ \boldsymbol{\gamma}^{\mathrm{T}}\boldsymbol{\alpha} & \boldsymbol{\gamma}^{\mathrm{T}}\boldsymbol{\beta} & \boldsymbol{\gamma}^{\mathrm{T}}\boldsymbol{\eta}\end{pmatrix}$

2. 30

★3.

$$|\boldsymbol{A}^8|=4^8\qquad \boldsymbol{A}^4=\begin{pmatrix}577 & 408 & 0 & 0\\ 816 & 577 & 0 & 0\\ 0 & 0 & 16 & 0\\ 0 & 0 & 64 & 16\end{pmatrix}\qquad \boldsymbol{A}^{-1}=\begin{pmatrix}3 & -2 & 0 & 0\\ -4 & 3 & 0 & 0\\ 0 & 0 & \frac{1}{2} & 0\\ 0 & 0 & -\frac{1}{2} & \frac{1}{2}\end{pmatrix}$$

4. $\begin{pmatrix} & \boldsymbol{B}^{-1}\\ \boldsymbol{A}^{-1} & \end{pmatrix}$

二、计算题

1. (1) $\begin{pmatrix}\boldsymbol{E}_n-\boldsymbol{B}\boldsymbol{A} & \boldsymbol{B}\\ \boldsymbol{O} & \boldsymbol{E}_m\end{pmatrix}$； (2) $\begin{pmatrix}\boldsymbol{E}_n & \boldsymbol{O}\\ \boldsymbol{A} & \boldsymbol{E}_m-\boldsymbol{A}\boldsymbol{B}\end{pmatrix}$

2. 将矩阵 $\boldsymbol{A}$ 分块为

$$\boldsymbol{A}=\begin{pmatrix}\boldsymbol{E}_3 & \boldsymbol{B}\\ \boldsymbol{O}_3 & \boldsymbol{E}_3\end{pmatrix}$$

其中 $\boldsymbol{B}=\begin{pmatrix}1&2&3\\3&2&1\\2&1&3\end{pmatrix}$. 又

$$\boldsymbol{A}=\begin{pmatrix}\boldsymbol{E}_3 & \boldsymbol{B}\\ \boldsymbol{O}_3 & \boldsymbol{E}_3\end{pmatrix}=\begin{pmatrix}\boldsymbol{E}_3 & \boldsymbol{O}_3\\ \boldsymbol{O}_3 & \boldsymbol{E}_3\end{pmatrix}+\begin{pmatrix}\boldsymbol{O}_3 & \boldsymbol{B}\\ \boldsymbol{O}_3 & \boldsymbol{O}_3\end{pmatrix}$$

且

$$\begin{pmatrix}\boldsymbol{E}_3 & \boldsymbol{O}_3\\ \boldsymbol{O}_3 & \boldsymbol{E}_3\end{pmatrix}\begin{pmatrix}\boldsymbol{O}_3 & \boldsymbol{B}\\ \boldsymbol{O}_3 & \boldsymbol{O}_3\end{pmatrix}=\begin{pmatrix}\boldsymbol{O}_3 & \boldsymbol{B}\\ \boldsymbol{O}_3 & \boldsymbol{O}_3\end{pmatrix}\begin{pmatrix}\boldsymbol{E}_3 & \boldsymbol{O}_3\\ \boldsymbol{O}_3 & \boldsymbol{E}_3\end{pmatrix},\ \begin{pmatrix}\boldsymbol{O}_3 & \boldsymbol{B}\\ \boldsymbol{O}_3 & \boldsymbol{O}_3\end{pmatrix}\begin{pmatrix}\boldsymbol{O}_3 & \boldsymbol{B}\\ \boldsymbol{O}_3 & \boldsymbol{O}_3\end{pmatrix}=\boldsymbol{O}$$

于是由二项式定理，有

$$\begin{aligned}\boldsymbol{A}^n&=\begin{pmatrix}\boldsymbol{E}_3 & \boldsymbol{O}_3\\ \boldsymbol{O}_3 & \boldsymbol{E}_3\end{pmatrix}^n+C_n^1\begin{pmatrix}\boldsymbol{E}_3 & \boldsymbol{O}_3\\ \boldsymbol{O}_3 & \boldsymbol{E}_3\end{pmatrix}^{n-1}\begin{pmatrix}\boldsymbol{O}_3 & \boldsymbol{B}\\ \boldsymbol{O}_3 & \boldsymbol{O}_3\end{pmatrix}\\ &=\begin{pmatrix}\boldsymbol{E}_3 & \boldsymbol{O}_3\\ \boldsymbol{O}_3 & \boldsymbol{E}_3\end{pmatrix}+\begin{pmatrix}\boldsymbol{O}_3 & n\boldsymbol{B}\\ \boldsymbol{O}_3 & \boldsymbol{O}_3\end{pmatrix}\\ &=\begin{pmatrix}1&0&0&n&2n&3n\\0&1&0&3n&2n&n\\0&0&1&2n&n&3n\\0&0&0&1&0&0\\0&0&0&0&1&0\\0&0&0&0&0&1\end{pmatrix}\end{aligned}$$

3. 用分块的方法求逆，将 $\boldsymbol{A}$ 分块如下：

$$\boldsymbol{A}=\begin{pmatrix}\boldsymbol{A}_1 & \boldsymbol{O}\\ \boldsymbol{O} & \boldsymbol{A}_2\end{pmatrix}$$

其中 $\boldsymbol{A}_1=\begin{pmatrix}0&0&-1\\0&1&0\\2&0&0\end{pmatrix}$, $\boldsymbol{A}_2=\begin{pmatrix}2&1\\5&3\end{pmatrix}$. 又

$$\boldsymbol{A}_1^{-1}=\begin{pmatrix}0&0&\frac{1}{2}\\0&1&0\\-1&0&0\end{pmatrix},\ \boldsymbol{A}_2^{-1}=\begin{pmatrix}3&-1\\-5&2\end{pmatrix}$$

则

$$\boldsymbol{A}^{-1}=\begin{pmatrix}\boldsymbol{A}_1^{-1} & \boldsymbol{O}\\ \boldsymbol{O} & \boldsymbol{A}_2^{-1}\end{pmatrix}=\begin{pmatrix}0&0&\frac{1}{2}&0&0\\0&1&0&0&0\\-1&0&0&0&0\\0&0&0&3&-1\\0&0&0&-5&2\end{pmatrix}$$

能力提升

★1. B

★2. (1) 由分块矩阵乘法，有

$$\begin{pmatrix} \boldsymbol{E}_n & \boldsymbol{B} \\ \boldsymbol{A} & \boldsymbol{E}_m \end{pmatrix}\begin{pmatrix} \boldsymbol{E}_n & -\boldsymbol{B} \\ \boldsymbol{O} & \boldsymbol{E}_m \end{pmatrix}=\begin{pmatrix} \boldsymbol{E}_n & \boldsymbol{O} \\ \boldsymbol{A} & \boldsymbol{E}_m-\boldsymbol{AB} \end{pmatrix}$$

则

$$\begin{aligned}\begin{vmatrix} \boldsymbol{E}_n & \boldsymbol{B} \\ \boldsymbol{A} & \boldsymbol{E}_m \end{vmatrix}&=\begin{vmatrix} \boldsymbol{E}_n & \boldsymbol{B} \\ \boldsymbol{A} & \boldsymbol{E}_m \end{vmatrix}\begin{vmatrix} \boldsymbol{E}_n & -\boldsymbol{B} \\ \boldsymbol{O} & \boldsymbol{E}_m \end{vmatrix}=\left|\begin{pmatrix} \boldsymbol{E}_n & \boldsymbol{B} \\ \boldsymbol{A} & \boldsymbol{E}_m \end{pmatrix}\begin{pmatrix} \boldsymbol{E}_n & -\boldsymbol{B} \\ \boldsymbol{O} & \boldsymbol{E}_m \end{pmatrix}\right| \\ &=\begin{vmatrix} \boldsymbol{E}_n & \boldsymbol{O} \\ \boldsymbol{A} & \boldsymbol{E}_m-\boldsymbol{AB} \end{vmatrix} \\ &=|\boldsymbol{E}_m-\boldsymbol{AB}|\end{aligned}$$

(2) 同理可证 $\begin{vmatrix} \boldsymbol{E}_n & \boldsymbol{B} \\ \boldsymbol{A} & \boldsymbol{E}_m \end{vmatrix}=|\boldsymbol{E}_n-\boldsymbol{BA}|$；

(3) 由(1)、(2)结果可得 $|\boldsymbol{E}_m-\boldsymbol{AB}|=|\boldsymbol{E}_n-\boldsymbol{BA}|$.

★3. 根据上题结论，有

$$D_n=\left|\boldsymbol{E}_2-\begin{pmatrix} -1 & \cdots & -1 \\ b_1 & \cdots & b_n \end{pmatrix}\begin{pmatrix} a_1 & 1 \\ \vdots & \vdots \\ a_n & 1 \end{pmatrix}\right|$$

$$=\begin{vmatrix} 1+\sum\limits_{k=1}^{n}a_k & n \\ -\sum\limits_{k=1}^{n}a_kb_k & 1-\sum\limits_{k=1}^{n}b_k \end{vmatrix}=\left(1+\sum_{k=1}^{n}a_k\right)\left(1-\sum_{k=1}^{n}b_k\right)+n\sum_{k=1}^{n}a_kb_k$$

第三章　矩阵的初等变换与线性方程组

第一节　矩阵的初等变换

基础训练

一、选择题

1. B　2. A　3. D　4. D

二、判断题

1. ×　2. ×　3. √

三、计算题

1. (1) $\begin{pmatrix}1 & -1\\3 & 2\end{pmatrix}\xrightarrow{r_2-3r_1}\begin{pmatrix}1 & -1\\0 & 5\end{pmatrix}\xrightarrow{r_2\div 5}\begin{pmatrix}1 & -1\\0 & 1\end{pmatrix}\xrightarrow{r_1+r_2}\begin{pmatrix}1 & 0\\0 & 1\end{pmatrix}$

(2) $\begin{pmatrix}1 & 0 & 2 & -1\\2 & 0 & 3 & 1\\3 & 0 & 4 & 3\end{pmatrix}\xrightarrow[r_3-3r_1]{r_2-2r_1}\begin{pmatrix}1 & 0 & 2 & -1\\0 & 0 & -1 & 3\\0 & 0 & -2 & 6\end{pmatrix}\xrightarrow{\substack{r_2\times(-1)\\ r_1-2r_2\\ r_3+2r_2}}\begin{pmatrix}1 & 0 & 0 & 5\\0 & 0 & 1 & -3\\0 & 0 & 0 & 0\end{pmatrix}$

2. $(A,E)=\begin{pmatrix}3 & 2 & 1 & 1 & 0 & 0\\3 & 1 & 5 & 0 & 1 & 0\\3 & 2 & 3 & 0 & 0 & 1\end{pmatrix}\xrightarrow[r_3-r_1]{r_2-r_1}\begin{pmatrix}3 & 2 & 1 & 1 & 0 & 0\\0 & -1 & 4 & -1 & 1 & 0\\0 & 0 & 2 & -1 & 0 & 1\end{pmatrix}$

$\xrightarrow[r_1-2r_2]{r_2\times(-1)}\begin{pmatrix}3 & 0 & 9 & -1 & 2 & 0\\0 & 1 & -4 & 1 & -1 & 0\\0 & 0 & 2 & -1 & 0 & 1\end{pmatrix}$

$\xrightarrow[\substack{r_1-9r_3\\ r_2+4r_3}]{r_3\div(-2)}\begin{pmatrix}3 & 0 & 0 & \frac{7}{2} & 2 & \frac{-9}{2}\\0 & 1 & 0 & -1 & -1 & 2\\0 & 0 & 1 & \frac{-1}{2} & 0 & \frac{1}{2}\end{pmatrix}\xrightarrow[r_1\div 3]{}\begin{pmatrix}1 & 0 & 0 & \frac{7}{6} & \frac{2}{3} & \frac{-3}{2}\\0 & 1 & 0 & -1 & -1 & 2\\0 & 0 & 1 & \frac{-1}{2} & 0 & \frac{1}{2}\end{pmatrix}$

故逆矩阵为$\begin{pmatrix}\frac{7}{6} & \frac{2}{3} & -\frac{3}{2}\\-1 & -1 & 2\\-\frac{1}{2} & 0 & \frac{1}{2}\end{pmatrix}$.

★3. $\boldsymbol{X}=(\boldsymbol{A}-2\boldsymbol{E})^{-1}\boldsymbol{A}=\begin{pmatrix}0 & 1 & -1\\-1 & 0 & 1\\1 & -1 & 0\end{pmatrix}$

能力提升

★1. $\begin{pmatrix}a_{12} & a_{11} & a_{13}\\a_{22} & a_{21} & a_{23}\\a_{32} & a_{31} & a_{33}\end{pmatrix}$

2. B. 由于$\boldsymbol{P}=\begin{pmatrix}1 & 1 & 0\\0 & 1 & 0\\0 & 0 & 1\end{pmatrix}$，因此 $E(12(1))=\boldsymbol{P}$，即

$$\boldsymbol{B}=\boldsymbol{E}(12(1))\boldsymbol{A}=\boldsymbol{PA} \tag{1}$$

又已知将 $\boldsymbol{B}$ 的第 1 列的(−1)倍加到第 2 列得 $\boldsymbol{C}$，即 $\boldsymbol{C}=BE(21(-1))$，即

$$\boldsymbol{C}=\boldsymbol{B}\begin{pmatrix}1 & -1 & 0\\ 0 & 1 & 0\\ 0 & 0 & 1\end{pmatrix}=BP^{-1} \tag{2}$$

由式(1)和式(2)知，$\boldsymbol{C}=\boldsymbol{PAP}^{-1}$.

3. C

4. 必要性：设 $\boldsymbol{B}$ 的标准形为 $\boldsymbol{C}$，因为 $\boldsymbol{A}$ 与 $\boldsymbol{B}$ 等价，所以 $\boldsymbol{A}$ 可经过有限次初等变换化为 $\boldsymbol{B}$；又因为 $\boldsymbol{B}$ 的标准形为 $\boldsymbol{C}$，即 $\boldsymbol{B}$ 可经过若干初等变换化为标准形 $\boldsymbol{C}$，即 $\boldsymbol{B}$ 与 $\boldsymbol{C}$ 等价. 由等价的传递性，$\boldsymbol{A}$ 与等价.

充分性：设 $\boldsymbol{A}$ 与 $\boldsymbol{B}$ 有相同的标准形 $\boldsymbol{C}$，则 $\boldsymbol{A}\to\boldsymbol{C}$，$\boldsymbol{B}\to\boldsymbol{C}$. 依据等价关系的对称性，由 $\boldsymbol{B}\to\boldsymbol{C}$，可得 $\boldsymbol{C}\to\boldsymbol{B}$. 再根据等价关系的传递性，由 $\boldsymbol{A}\to\boldsymbol{C}$，$\boldsymbol{C}\to\boldsymbol{B}$，可得 $\boldsymbol{A}\to\boldsymbol{B}$，即 $\boldsymbol{A}$ 与 $\boldsymbol{B}$ 等价.

(2) 因为 $\boldsymbol{A}$ 与 $\boldsymbol{B}$ 有相同的标准形 $\begin{pmatrix}1 & 0 & 0\\ 0 & 1 & 0\\ 0 & 0 & 1\end{pmatrix}$，所以 $\boldsymbol{A}$ 与 $\boldsymbol{B}$ 等价.

第三节　线性方程组的解

基础训练

一、填空题

1. $R(\boldsymbol{A},\boldsymbol{b})=R(\boldsymbol{A})=n$　　$R(\boldsymbol{A},\boldsymbol{b})=R(\boldsymbol{A})<n$

2. $R(\boldsymbol{A})=n$ 或 $|\boldsymbol{A}|\neq 0$　　$R(\boldsymbol{A})<n$

3. $m\geqslant n$

★4. $b_1+b_2+b_3+b_4=0$

5. 无解或有无穷多解

二、选择题

1. B

2. A.　当 $r=m$ 时，系数矩阵行满秩，满足 $R(\boldsymbol{A},\ \boldsymbol{b})=R(\boldsymbol{A})$，故方程必有解.

3. B.　当 $R(\boldsymbol{A})=n$ 时，由 $R(\boldsymbol{A})\leqslant R(\boldsymbol{A},\ \boldsymbol{b})\leqslant R(\boldsymbol{A})+1$ 知，$R(\boldsymbol{A},\ \boldsymbol{b})=n$ 或 $R(\boldsymbol{A},\ \boldsymbol{b})=n+1$，故方程组可能有解.

4. B.　若 x 满足非齐次线性方程组 $\boldsymbol{Ax}=\boldsymbol{b}$，则必然不能满足 $\boldsymbol{Ax}=\boldsymbol{0}$，因此所求方程组无解.

5. A.

$$(\boldsymbol{A},\ \boldsymbol{b})=\begin{pmatrix}1 & 3 & 1 & \vdots & 1\\ 1 & -5 & -1 & \vdots & b\\ 2 & 2 & 1 & \vdots & 2\end{pmatrix}\to\begin{pmatrix}1 & 3 & 1 & \vdots & 0\\ 0 & 4 & 1 & \vdots & 0\\ 0 & 0 & 0 & \vdots & b-1\end{pmatrix},$$

$R(\boldsymbol{A},\ \boldsymbol{b})=R(\boldsymbol{A})<3$，故 $b=1$. 也可以从行列式角度考虑，由于 $R(\boldsymbol{A},\ \boldsymbol{b})<3$，因此 $(\boldsymbol{A},\ \boldsymbol{b})$ 中任意三阶子式都等于 0. 故 $\begin{vmatrix}1 & 1 & 1\\ 1 & -1 & b\\ 2 & 1 & 2\end{vmatrix}=b-1=0$，得 $b=1$.

三、计算题

1. $\begin{pmatrix}x_1\\x_2\\x_3\\x_4\end{pmatrix}=c_1\begin{pmatrix}2\\1\\0\\0\end{pmatrix}+c_2\begin{pmatrix}-1\\0\\1\\0\end{pmatrix}\quad(c_1,c_2\in\mathbf{R})$

2. (1) 方程组无解. (2) $\begin{pmatrix}x\\y\\z\end{pmatrix}=k\begin{pmatrix}-2\\1\\1\end{pmatrix}+\begin{pmatrix}-1\\2\\0\end{pmatrix}$ (k 为任意常数).

★3. (1) 当 $\lambda\neq2$，且 $\lambda\neq-3$ 时，$R(\boldsymbol{A})=R(\boldsymbol{A},\boldsymbol{b})=3$，方程组有唯一解.

(2) 当 $\lambda=-3$ 时，$R(\boldsymbol{A})=2\neq R(\boldsymbol{A},\boldsymbol{b})=3$，方程组无解.

(3) 当 $\lambda=2$ 时，$R(\boldsymbol{A})=R(\boldsymbol{A},\boldsymbol{b})=2<3$，方程组有无穷多解，此时

$$(\boldsymbol{A},\boldsymbol{b})=\begin{pmatrix}1&1&-1&1\\2&3&2&3\\1&2&3&2\end{pmatrix}\to\begin{pmatrix}1&0&-5&0\\0&1&4&1\\0&0&0&0\end{pmatrix}$$

得通解：$x=\begin{pmatrix}0\\1\\0\end{pmatrix}+c\begin{pmatrix}5\\-4\\1\end{pmatrix}\quad(c\in\mathbf{R})$.

能力提升

1. B. 非齐次线性方程组的解包括无解，有唯一解，无穷多解，故选 B.

★2. D ★3. C

4. $(\boldsymbol{A},b)\to\begin{pmatrix}1&1&0&1\\0&1&1&0\\0&a-2&0&b-1\end{pmatrix}$

(1) $a=2$，$b=1$ 无穷多解；$a\neq2$ 唯一解；$a=2$，$b\neq1$ 无解；

(2) 通解：$\begin{pmatrix}x_1\\x_2\\x_3\end{pmatrix}=\begin{pmatrix}1\\0\\0\end{pmatrix}+c\begin{pmatrix}1\\-1\\1\end{pmatrix}\quad(c\in\mathbf{R})$.

5. 证明：增广矩阵 $\boldsymbol{B}$ 的行列式 $\begin{vmatrix}1&1&1\\a&b&c\\a^2&b^2&c^2\end{vmatrix}=(b-a)(c-a)(c-b)\neq0$，故 $R(\boldsymbol{B})=3$，而

系数矩阵 $\boldsymbol{A}=\begin{pmatrix}1&1\\a&b\\a^2&b^2\end{pmatrix}$ 的秩为 2，故 $R(\boldsymbol{A})=2\neq R(\boldsymbol{B})=3$，因此，方程组无解.

第四章　向量组的线性相关性

第一节　向量组及其线性组合

基础训练

一、填空题

1. $n \leqslant s$

2. 5

3. $\boldsymbol{\beta}=\boldsymbol{\alpha}_1-\boldsymbol{\alpha}_2+2\boldsymbol{\alpha}_3$

4. $\left(-\frac{3}{2},-3,-\frac{9}{2},-6\right)$

5. $(1,4,-7,7)$

6. $\boldsymbol{\alpha}_1+\boldsymbol{\alpha}_2-\boldsymbol{\alpha}_3$

7. $\boldsymbol{\beta}=(0,1,2,-2)$

二、选择题

1. B　　2. B

三、计算题

★1. $\boldsymbol{\beta}$ 不能由 $\boldsymbol{\alpha}_1,\boldsymbol{\alpha}_2,\boldsymbol{\alpha}_3$ 线性表示.

★2. 只需考查 $\boldsymbol{\alpha}_3$ 能不能由 $\boldsymbol{\alpha}_1$，$\boldsymbol{\alpha}_2$ 线性表示.

能力提升

1. 令矩阵 $\boldsymbol{A}=(\boldsymbol{\alpha}_1^{\mathrm{T}},\boldsymbol{\alpha}_2^{\mathrm{T}},\boldsymbol{\alpha}_3^{\mathrm{T}},\boldsymbol{\beta}^{\mathrm{T}})$，对 $\boldsymbol{A}$ 作初等行变换：

$$\boldsymbol{A}\sim\begin{pmatrix}1&0&0&3\\0&1&0&-3\\0&0&1&1\\0&0&0&0\end{pmatrix}$$

故 $\boldsymbol{\beta}$ 可由 $\boldsymbol{\alpha}_1$，$\boldsymbol{\alpha}_2$，$\boldsymbol{\alpha}_3$ 线性表示出，且 $\boldsymbol{\beta}=3\boldsymbol{\alpha}_1-3\boldsymbol{\alpha}_2+\boldsymbol{\alpha}_3$.

2. 记矩阵 $\boldsymbol{A}=\begin{pmatrix}0&1&1&\cdots&1\\1&0&1&\cdots&1\\\cdots&\cdots&\cdots&&\cdots\\1&1&1&\cdots&0\end{pmatrix}$，则 $\begin{pmatrix}\boldsymbol{\beta}_1\\\boldsymbol{\beta}_2\\\vdots\\\boldsymbol{\beta}_s\end{pmatrix}=\boldsymbol{A}\begin{pmatrix}\boldsymbol{\alpha}_1\\\boldsymbol{\alpha}_2\\\vdots\\\boldsymbol{\alpha}_s\end{pmatrix}$.

可得$|\boldsymbol{A}|=(s-1)(-1)^{s-1}\neq 0$，于是$\boldsymbol{A}^{-1}$存在，得

$$\begin{pmatrix}\boldsymbol{\alpha}_1\\ \boldsymbol{\alpha}_2\\ \vdots\\ a_s\end{pmatrix}=\boldsymbol{A}^{-1}\begin{pmatrix}\boldsymbol{\beta}_1\\ \boldsymbol{\beta}_2\\ \vdots\\ \boldsymbol{\beta}_s\end{pmatrix}$$

因而两向量组可互相线性表示，即它们等价. 故两向量组有相同的秩.

3. 由已知设$\boldsymbol{\alpha}_m=k_1\boldsymbol{\alpha}_1+k_2\boldsymbol{\alpha}_2+\cdots+k_{m-1}\boldsymbol{\alpha}_{m-1}$，则必有$k_{m-1}\neq 0$，否则$\boldsymbol{\alpha}_m$是$\boldsymbol{\alpha}_1, \boldsymbol{\alpha}_2, \cdots, \boldsymbol{\alpha}_{m-2}$的线性组合，于是有

$$\boldsymbol{\alpha}_{m-1}=-\frac{k_1}{k_{m-1}}\boldsymbol{\alpha}_1-\cdots-\frac{k_{m-2}}{k_{m-1}}\boldsymbol{\alpha}_{m-2}+\frac{1}{k_{m-1}}\boldsymbol{\alpha}_m$$

即$\boldsymbol{\alpha}_{m-1}$是$\boldsymbol{\alpha}_1, \boldsymbol{\alpha}_2, \cdots, \boldsymbol{\alpha}_{m-2}, \boldsymbol{\alpha}_m$的线性组合.

第三节　向量组的秩

基础训练

一、填空题

1. 2　　2. $\boldsymbol{\alpha}_1, \boldsymbol{\alpha}_2$

二、选择题

1. C　　2. A

三、计算题

★1. $\boldsymbol{\alpha}_1, \boldsymbol{\alpha}_2, \boldsymbol{\alpha}_4$是所求的一个最大无关组，且有$\boldsymbol{\alpha}_3=2\boldsymbol{\alpha}_1-\boldsymbol{\alpha}_2+0\boldsymbol{\alpha}_4$，$\boldsymbol{\alpha}_5=-\boldsymbol{\alpha}_1+3\boldsymbol{\alpha}_2+2\boldsymbol{\alpha}_4$.

2. 令$\boldsymbol{A}=(\boldsymbol{\alpha}_1^{\mathrm{T}}, \boldsymbol{\alpha}_2^{\mathrm{T}}, \boldsymbol{\alpha}_3^{\mathrm{T}}, \boldsymbol{\alpha}_4^{\mathrm{T}})$，对$\boldsymbol{A}$作初等行变换：

$$\boldsymbol{A}\overset{r}{\sim}\begin{pmatrix}1&0&2&-2\\0&1&1&1\\0&0&0&0\\0&0&0&0\end{pmatrix}$$

故$\boldsymbol{\alpha}_1, \boldsymbol{\alpha}_2$是所求的一个最大无关组，且有$\boldsymbol{\alpha}_3=2\boldsymbol{\alpha}_1+\boldsymbol{\alpha}_2$，$\boldsymbol{\alpha}_4=2\boldsymbol{\alpha}_1+\boldsymbol{\alpha}_2$.

3. 令$\boldsymbol{A}=(\boldsymbol{\alpha}_1, \boldsymbol{\alpha}_2, \boldsymbol{\alpha}_3, \boldsymbol{\alpha}_4, \boldsymbol{\alpha}_5)$，对$\boldsymbol{A}$作初等行变换：

$$\boldsymbol{A}\sim\begin{pmatrix}1&0&-1&0&4\\0&1&-1&0&3\\0&0&0&1&-3\\0&0&0&0&0\end{pmatrix}$$

故$\boldsymbol{\alpha}_1, \boldsymbol{\alpha}_2, \boldsymbol{\alpha}_4$为列向量组的一个最大无关组，且$\begin{cases}\boldsymbol{\alpha}_3=-\boldsymbol{\alpha}_1-\boldsymbol{\alpha}_2\\ \boldsymbol{\alpha}_5=4\boldsymbol{\alpha}_1+3\boldsymbol{\alpha}_2-3\boldsymbol{\alpha}_4\end{cases}$.

4. 令$A=(\boldsymbol{\alpha}_1, \boldsymbol{\alpha}_2, \boldsymbol{\alpha}_3, \boldsymbol{\alpha}_4)$，则

$$A=(\boldsymbol{\alpha}_1,\boldsymbol{\alpha}_2,\boldsymbol{\alpha}_3,\boldsymbol{\alpha}_4)=\begin{pmatrix}1&2&1&0\\4&1&0&2\\1&-1&-3&-6\\0&-3&-1&3\end{pmatrix}\sim\begin{pmatrix}1&0&0&1\\0&1&0&-2\\0&0&1&3\\0&0&0&0\end{pmatrix}$$

因而 $R(\mathbf{A})=3$，$\boldsymbol{\alpha}_1$，$\boldsymbol{\alpha}_2$，$\boldsymbol{\alpha}_3$ 构成一个极大无关组，且 $\boldsymbol{\alpha}_4=\boldsymbol{\alpha}_1-2\boldsymbol{\alpha}_2+3\boldsymbol{\alpha}_3$.

能力提升

★1. $a=0$，$b=2$，其中一个极大无关组为：$\boldsymbol{\alpha}_1$，$\boldsymbol{\alpha}_2$.

2. 由向量组 $\boldsymbol{a}_1$，$\boldsymbol{a}_2$，$\boldsymbol{a}_3$，$\boldsymbol{a}_4$ 为列向量组作矩阵

$$\mathbf{A}=\begin{pmatrix}1&2&1&3\\-1&1&-1&0\\0&5&-2&7\\4&6&0&k\end{pmatrix}\sim\begin{pmatrix}1&2&1&3\\0&3&0&3\\0&5&-2&7\\0&-2&-4&k-12\end{pmatrix}\sim\begin{pmatrix}1&2&1&3\\0&1&0&1\\0&0&-2&2\\0&0&-4&k-10\end{pmatrix}$$

$$\sim\begin{pmatrix}1&2&1&3\\0&1&0&1\\0&0&1&-1\\0&0&0&k-14\end{pmatrix}\sim\begin{pmatrix}1&2&0&4\\0&1&0&1\\0&0&1&-1\\0&0&0&k-14\end{pmatrix}\sim\begin{pmatrix}1&0&0&2\\0&1&0&1\\0&0&1&-1\\0&0&0&k-14\end{pmatrix}$$

当 $k=14$ 时，向量组 $\boldsymbol{a}_1$，$\boldsymbol{a}_2$，$\boldsymbol{a}_3$，$\boldsymbol{a}_4$ 线性相关. 向量组的极大线性无关组是 $\boldsymbol{a}_1$，$\boldsymbol{a}_2$，$\boldsymbol{a}_3$，且 $\boldsymbol{a}_4=2\boldsymbol{a}_1+\boldsymbol{a}_2-\boldsymbol{a}_3$.

3. 1　4. n

第五节　向量空间

基础训练

一、填空题

1. $-\frac{1}{3}$，$\frac{5}{3}$

2. $\begin{pmatrix}3&1&2\\2&2&1\\1&1&2\end{pmatrix}$　　3. $\begin{pmatrix}2&3\\-1&-2\end{pmatrix}$

二、选择题

1. A

三、计算题

★1. (1) $(\boldsymbol{\beta}_1,\boldsymbol{\beta}_2,\boldsymbol{\beta}_3)=(\boldsymbol{\alpha}_1,\boldsymbol{\alpha}_2,\boldsymbol{\alpha}_3)\begin{pmatrix}2&2&1\\3&1&5\\3&2&3\end{pmatrix}$，由于矩阵 $\begin{pmatrix}2&2&1\\3&1&5\\3&2&3\end{pmatrix}$ 可逆，因此 $R(\boldsymbol{\beta}_1,\boldsymbol{\beta}_2,\boldsymbol{\beta}_3)=R(\boldsymbol{\alpha}_1,\boldsymbol{\alpha}_2,\boldsymbol{\alpha}_3)$，又 $\boldsymbol{\alpha}_1$，$\boldsymbol{\alpha}_2$，$\boldsymbol{\alpha}_3$ 是三维向量空间

$\mathbf{R}^3$ 的一个基，所以 $\boldsymbol{\beta}_1$，$\boldsymbol{\beta}_2$，$\boldsymbol{\beta}_3$ 也是 $\mathbf{R}^3$ 的一个基；

(2) 由基 $\boldsymbol{\beta}_1$，$\boldsymbol{\beta}_2$，$\boldsymbol{\beta}_3$ 到基 $\boldsymbol{\alpha}_1$，$\boldsymbol{\alpha}_2$，$\boldsymbol{\alpha}_3$ 的过渡矩阵为 $\boldsymbol{C}=\begin{pmatrix}-7 & -4 & 9\\ 6 & 3 & -7\\ 3 & 2 & -4\end{pmatrix}$；

(3) $\boldsymbol{\alpha}$ 在基 $\boldsymbol{\beta}_1$，$\boldsymbol{\beta}_2$，$\boldsymbol{\beta}_3$ 下的坐标为(1，0，−1).

2. $\boldsymbol{A}=\boldsymbol{C}^{-1}\boldsymbol{B}$，$\boldsymbol{C}^{-1}=\begin{pmatrix}1 & -1 & 0\\ 0 & 1 & -1\\ 0 & 0 & 1\end{pmatrix}$，　$\boldsymbol{A}=\begin{pmatrix}0 & -1 & 1\\ 1 & 0 & -1\\ 0 & 1 & 1\end{pmatrix}$

★3. (1) $\boldsymbol{P}=\boldsymbol{A}^{-1}\boldsymbol{B}=\begin{pmatrix}0 & 1 & 0\\ 1 & 0 & 0\\ -1/2 & 0 & 1/2\end{pmatrix}$

(2) $\boldsymbol{\alpha}=\boldsymbol{\beta}_1+\boldsymbol{\beta}_2+3\boldsymbol{\beta}_3$，坐标 $x=(1,1,3)^{\mathrm{T}}$

(3) $\boldsymbol{\beta}=k(\boldsymbol{\alpha}_1+\boldsymbol{\alpha}_2-\boldsymbol{\alpha}_3)=k(1,0,-1)^{\mathrm{T}}$，$k\in\mathbf{R}$

能力提升

1. (1) $\boldsymbol{\alpha}_1=\frac{1}{\sqrt{3}}\begin{pmatrix}1\\1\\1\end{pmatrix}$，$\boldsymbol{\alpha}_2=\frac{1}{\sqrt{6}}\begin{pmatrix}1\\1\\-2\end{pmatrix}$，$\boldsymbol{\alpha}_3=\frac{1}{\sqrt{2}}\begin{pmatrix}-1\\1\\0\end{pmatrix}$

(2) $\boldsymbol{P}=(\boldsymbol{\alpha}_1,\boldsymbol{\alpha}_2,\boldsymbol{\alpha}_3)^{-1}(\boldsymbol{\beta}_1,\boldsymbol{\beta}_2,\boldsymbol{\beta}_3)=\frac{1}{\sqrt{6}}\begin{pmatrix}3\sqrt{2} & 2\sqrt{2} & \sqrt{2}\\ 0 & 2 & 1\\ 0 & 0 & -\sqrt{3}\end{pmatrix}$

(3) $\boldsymbol{\alpha}=\begin{pmatrix}3\\2\\1\end{pmatrix}=\frac{6}{\sqrt{3}}\boldsymbol{\alpha}_1+\frac{3}{\sqrt{6}}\boldsymbol{\alpha}_2-\frac{1}{\sqrt{2}}\boldsymbol{\alpha}_3$

2. $(\boldsymbol{\alpha}_1,\boldsymbol{\alpha}_2,\boldsymbol{\alpha}_3,\boldsymbol{\alpha}_4,\boldsymbol{\beta}_1,\boldsymbol{\beta}_2)\sim\begin{pmatrix}1 & 0 & 3 & -1 & 1 & -1\\ 0 & 1 & 2 & 2 & 1 & 1\\ 0 & 0 & 0 & 0 & 0 & -8\end{pmatrix}$

(1) $\dim L(\boldsymbol{\alpha}_1,\boldsymbol{\alpha}_2,\boldsymbol{\alpha}_3,\boldsymbol{\alpha}_4)=2$；　$\boldsymbol{\alpha}_1$，$\boldsymbol{\alpha}_2$ 可作为其中一个基

(2) $\boldsymbol{\beta}_1\in L(\boldsymbol{\alpha}_1,\boldsymbol{\alpha}_2,\boldsymbol{\alpha}_3,\boldsymbol{\alpha}_4)$，$\boldsymbol{\beta}_1=\boldsymbol{\alpha}_1+\boldsymbol{\alpha}_2$；$\boldsymbol{\beta}_2\notin L(\boldsymbol{\alpha}_1,\boldsymbol{\alpha}_2,\boldsymbol{\alpha}_3,\boldsymbol{\alpha}_4)$

第五章　相似矩阵及二次型

第一节　向量的内积、长度及正交性

基础训练

一、填空题

1. 4　　1　　5　提示：利用内积性质$[\boldsymbol{\alpha}+\boldsymbol{\beta},\boldsymbol{\gamma}]=[\boldsymbol{\alpha},\boldsymbol{\gamma}]+[\boldsymbol{\beta},\boldsymbol{\gamma}]$；

2. 5　　10　提示：利用内积性质 $\|-2\boldsymbol{\alpha}\|=2\|\boldsymbol{\alpha}\|$

3. $\frac{\pi}{4}$

二、判断题

1. √　　2. ×　　3. ×

三、选择题

1. C　提示：根据正交矩阵的定义，$\boldsymbol{A}^{-1}(\boldsymbol{A}^{-1})^{T}=\boldsymbol{A}^{-1}(\boldsymbol{A}^{T})^{-1}=(\boldsymbol{A}^{T}\boldsymbol{A})^{-1}=\boldsymbol{E}$，所以选项 B 正确，同理 $\boldsymbol{AB}(\boldsymbol{AB})^{T}=\boldsymbol{ABB}^{T}\boldsymbol{A}^{T}=\boldsymbol{E}$，所以选项 D 正确.

2. C　提示：矩阵为正交矩阵的充要条件：行(列)向量都是单位向量，且两两正交.

四、计算题

1. $\boldsymbol{b}_1=\frac{1}{\sqrt{3}}(1,1,1)^{T}$，$\boldsymbol{b}_2=\frac{1}{\sqrt{2}}(-1,0,1)^{T}$，$\boldsymbol{b}_3=\frac{1}{\sqrt{6}}(1,-2,1)^{T}$

2. (1) 首先验证 $\boldsymbol{\alpha}_1$，$\boldsymbol{\alpha}_2$，$\boldsymbol{\alpha}_3$，$\boldsymbol{\alpha}_4$ 都是单位向量，其次验证 $\boldsymbol{\alpha}_1$，$\boldsymbol{\alpha}_2$，$\boldsymbol{\alpha}_3$，$\boldsymbol{\alpha}_4$ 两两相互正交；

(2) 设 $\lambda_i(i=1,2,3,4)$ 为 $\boldsymbol{\beta}$ 在这组基下的坐标，则 $\lambda_i=\boldsymbol{\beta}^{T}\boldsymbol{\alpha}_i$，于是可得：$\lambda_1=\sqrt{2}$，$\lambda_2=0$，$\lambda_3=\sqrt{2}$，$\lambda_4=0$.

3. 设非零向量 $\boldsymbol{x}=(x_1,x_2,x_3)^{T}$ 与 $\boldsymbol{\alpha}_1$ 正交，即 $\boldsymbol{\alpha}_1^{T}\boldsymbol{x}=0$，可解得 $\boldsymbol{\alpha}_2=(0,1,-1)^{T}$，$\boldsymbol{\alpha}_3=(2,1,1)^{T}$.

五、略

能力提升

★1. 令 $\boldsymbol{A}=(\boldsymbol{a}_1,\boldsymbol{a}_2,\boldsymbol{a}_3)$，$\boldsymbol{B}=(\boldsymbol{b}_1,\boldsymbol{b}_2,\boldsymbol{b}_3)$，$\boldsymbol{C}=\begin{pmatrix}-\frac{1}{3} & \frac{2}{3} & -\frac{2}{3}\\ \frac{2}{3} & \frac{2}{3} & \frac{1}{3}\\ \frac{2}{3} & -\frac{1}{3} & -\frac{2}{3}\end{pmatrix}$ 则 $\boldsymbol{B}=\boldsymbol{AC}$，因为 $\boldsymbol{A}$，$\boldsymbol{C}$ 都是正交矩阵，所以 $\boldsymbol{B}$ 也是正交矩阵，从而 $\boldsymbol{b}_1$，$\boldsymbol{b}_2$，$\boldsymbol{b}_3$ 也是两两正交的单位向量组.

2. 由题意设 $\boldsymbol{b}=\boldsymbol{Ka}$，可以验证 $\boldsymbol{K}$ 是正交矩阵，根据正交变换不改变向量长度的性质可知 $\|\boldsymbol{b}\|=\|\boldsymbol{a}\|=5$.

第三节　相似矩阵

基础训练

一、填空题

1. $\boldsymbol{P}^{-1}\boldsymbol{AP}=\boldsymbol{B}$　　相似变换矩阵

2. 1　　3　　-2

3. n

4. 6　提示：因为 $\boldsymbol{B}$ 与 $\boldsymbol{A}$ 相似，所以有相同的特征值 $\frac{1}{2}$，$\frac{1}{3}$，$\frac{1}{4}$，再根据特征值的性质 $\boldsymbol{B}^{-1}-\boldsymbol{E}$ 的特征值为：1，2，3，所以 $|\boldsymbol{B}^{-1}-\boldsymbol{E}|=6$.

5. $\begin{pmatrix}2&0&0\\0&-2&0\\0&0&1\end{pmatrix}$　　$\begin{pmatrix}0&1&1\\1&1&1\\1&1&0\end{pmatrix}$　　$\begin{pmatrix}-2&3&-3\\-4&5&-3\\-4&4&-2\end{pmatrix}$

6. $3^{2021}\begin{pmatrix}1&1\\2&2\end{pmatrix}$

二、选择题

1. C　　2. B　　3. C

三、计算题

1.（1）$x=0$，$y=1$；　（2）$\boldsymbol{P}=\begin{pmatrix}1&0&0\\0&1&1\\0&1&-1\end{pmatrix}$

2.（1）由 $|\boldsymbol{A}+\boldsymbol{E}|=0$，可得 $a=0$；

（2）将 $a=0$ 带入矩阵 $\boldsymbol{A}$ 的表达式，求得 $\boldsymbol{A}$ 的特征值为 $\lambda_1=-1$，$\lambda_2=\lambda_3=2$，当 $\lambda_2=\lambda_3=2$ 时，$R(\boldsymbol{A}-2\boldsymbol{E})=1$，所以 $(\boldsymbol{A}-2\boldsymbol{E})\boldsymbol{x}=0$ 的基础解系含两个线性无关向量，即矩阵 $\boldsymbol{A}$ 总共有 3 个线性无关向量，故可以对角化；

（3）$\boldsymbol{P}=\begin{pmatrix}1&0&1\\0&1&0\\1&-1&4\end{pmatrix}$，　$\boldsymbol{\Lambda}=\begin{pmatrix}-1&0&0\\0&2&0\\0&0&2\end{pmatrix}$

★3.（1）$\boldsymbol{B}=\begin{pmatrix}1&0&0\\1&2&2\\1&1&3\end{pmatrix}$；

（2）$\lambda_1=1$，$\lambda_2=1$，$\lambda_3=4$；

（3）设 $\boldsymbol{\eta}_1$，$\boldsymbol{\eta}_2$，$\boldsymbol{\eta}_3$ 为 $\boldsymbol{B}$ 对应的特征向量，令 $\boldsymbol{P}_1=(\boldsymbol{\eta}_1,\boldsymbol{\eta}_2,\boldsymbol{\eta}_3)$，$\boldsymbol{Q}=(\boldsymbol{\alpha}_1,\boldsymbol{\alpha}_2,\boldsymbol{\alpha}_3)$，$\boldsymbol{P}=\boldsymbol{Q}\boldsymbol{P}_1$

能力提升

1. 2　　2. 4　　3. A　　4. B　　5. C　　6. B

7.（1）因为 $\boldsymbol{\alpha}\neq\boldsymbol{0}$ 且不是 $\boldsymbol{A}$ 的特征向量，所以 $\boldsymbol{A}\boldsymbol{\alpha}\neq\lambda\boldsymbol{\alpha}$，故 $\boldsymbol{\alpha}$，$\boldsymbol{A}\boldsymbol{\alpha}$ 线性无关. 故 $\boldsymbol{P}$ 可逆.

（2）因为 $\boldsymbol{A}^2\boldsymbol{\alpha}=-\boldsymbol{A}\boldsymbol{\alpha}+6\boldsymbol{\alpha}$，所以

$$\boldsymbol{A}\boldsymbol{P}=\boldsymbol{A}(\boldsymbol{\alpha},\boldsymbol{A}\boldsymbol{\alpha})=(\boldsymbol{A}\boldsymbol{\alpha},\boldsymbol{A}^2\boldsymbol{\alpha})=(\boldsymbol{\alpha},\boldsymbol{A}\boldsymbol{\alpha})\begin{pmatrix}0&6\\1&-1\end{pmatrix}$$

故有 $\boldsymbol{P}^{-1}\boldsymbol{A}\boldsymbol{P}=\begin{pmatrix}0&6\\1&-1\end{pmatrix}$，即 $\boldsymbol{A}$ 与矩阵 $\boldsymbol{B}=\begin{pmatrix}0&6\\1&-1\end{pmatrix}$ 相似.

由 $|\boldsymbol{B}-\lambda\boldsymbol{E}|=\begin{vmatrix}-\lambda&6\\1&-1-\lambda\end{vmatrix}=0$，可求得 $\lambda_1=-3$，$\lambda_2=2$，所以 $\boldsymbol{A}$ 有两个不相等的特征值. 故 $\boldsymbol{A}$ 可以相似对角化.

8.（1）因为 $\boldsymbol{A}$ 与 $\boldsymbol{B}$ 相似，所以特征值相等. 故由 $\mathrm{tr}(\boldsymbol{A})=\mathrm{tr}(\boldsymbol{B})$，$|\boldsymbol{A}|=|\boldsymbol{B}|$，可解的

$a=4$，$b=5$；

(2) 根据 $|\boldsymbol{B}-\lambda E|=0$，可得 $\boldsymbol{A}$ 的特征值 $\lambda_1=\lambda_2=1$，$\lambda_3=5$，及相应特征向量 $\boldsymbol{\xi}_1$，$\boldsymbol{\xi}_2$，$\boldsymbol{\xi}_3$，令矩阵 $\boldsymbol{P}=(\boldsymbol{\xi}_1,\boldsymbol{\xi}_2,\boldsymbol{\xi}_3)=\begin{pmatrix}2&-3&-1\\1&0&-1\\0&1&1\end{pmatrix}$，则 $\boldsymbol{P}^{-1}\boldsymbol{AP}=\begin{pmatrix}1&0&0\\0&1&0\\0&0&5\end{pmatrix}$.

第五节　二次型及其标准形

基础训练

一、填空题

1. $\begin{pmatrix}0&2&1\\2&4&2\\1&2&3\end{pmatrix}$

2. $2x_1^2+x_2^2+4x_3^2-4x_1x_2+6x_2x_3$

3. $2y_1^2+3y_2^2-5y_3^2$

4. 1　　5. 2

6. 合同

二、判断题

1. √　2. √　3. ×　4. √

三、选择题

1. C　2. C　3. D

四、计算题

1. 经正交变换 $\boldsymbol{x}=\boldsymbol{Py}$，可将二次型化为标准形 $f=y_1^2+2y_2^2+4y_3^2$，其中

$$\boldsymbol{P}=\begin{pmatrix}1&0&0\\0&-\frac{\sqrt{2}}{2}&\frac{\sqrt{2}}{2}\\0&\frac{\sqrt{2}}{2}&\frac{\sqrt{2}}{2}\end{pmatrix}$$

2. 经正交变换 $\boldsymbol{x}=\boldsymbol{Py}$，可将二次型化为标准形 $f=9y_3^2$，其中

$$\boldsymbol{P}=\begin{pmatrix}\frac{2}{\sqrt{5}}&\frac{-2}{3\sqrt{5}}&\frac{1}{3}\\\frac{1}{\sqrt{5}}&\frac{4}{3\sqrt{5}}&\frac{-2}{3}\\0&\frac{\sqrt{5}}{3}&\frac{2}{3}\end{pmatrix}$$

★3. (1) 由题意可求得二次型矩阵 $\boldsymbol{A}=\begin{pmatrix}0&0&a\\0&1&0\\a&0&0\end{pmatrix}$ 特征值为 1，a，$-a$，另一方面根据

标准形可知 $\boldsymbol{A}$ 的特征值为 1，1，-1，所以 $a=1$ 或 $a=-1$（由题意舍去），即 $a=1$；

（2）$\boldsymbol{P}=\begin{pmatrix} 0 & \frac{1}{\sqrt{2}} & \frac{1}{\sqrt{2}} \\ 1 & 0 & 0 \\ 0 & \frac{1}{\sqrt{2}} & -\frac{1}{\sqrt{2}} \end{pmatrix}$

五、证明略.

能力提升

1.（1）因为 $\boldsymbol{R}(\boldsymbol{A}^{\mathrm{T}}\boldsymbol{A})=\boldsymbol{R}(\boldsymbol{A})$，对实施初等行变换

$$\boldsymbol{A}=\begin{pmatrix} 1 & 0 & 1 \\ 0 & 1 & 1 \\ -1 & 0 & a \\ 0 & a & -1 \end{pmatrix} \sim \begin{pmatrix} 1 & 0 & 1 \\ 0 & 1 & 1 \\ 0 & 0 & a+1 \\ 0 & 0 & 0 \end{pmatrix}$$

所以当 $a=-1$ 时，$\boldsymbol{R}(\boldsymbol{A})=2$.

（2）$\boldsymbol{A}^{\mathrm{T}}\boldsymbol{A}=\begin{pmatrix} 2 & 0 & 2 \\ 0 & 2 & 2 \\ 2 & 2 & 4 \end{pmatrix}$，令 $|\boldsymbol{A}^{\mathrm{T}}\boldsymbol{A}-\lambda\boldsymbol{E}|=0$，可得特征值 $\lambda_1=0$，$\lambda_2=2$，$\lambda_3=6$.

当 $\lambda_1=0$ 时，对应特征向量 $\boldsymbol{p}_1=(-1,\ -1,\ 1)^{\mathrm{T}}$；

当 $\lambda_2=2$ 时，对应特征向量 $\boldsymbol{p}_2=(-1,\ 1,\ 0)^{\mathrm{T}}$；

当 $\lambda_3=6$ 时，对应特征向量 $\boldsymbol{p}_3=(1,\ 1,\ 2)^{\mathrm{T}}$；

所以，令 $\boldsymbol{P}=\begin{pmatrix} \frac{-1}{\sqrt{3}} & \frac{-1}{\sqrt{2}} & \frac{1}{\sqrt{6}} \\ \frac{-1}{\sqrt{3}} & \frac{1}{\sqrt{2}} & \frac{1}{\sqrt{6}} \\ \frac{1}{\sqrt{3}} & 0 & \frac{2}{\sqrt{6}} \end{pmatrix}$，则通过正交变换 $\boldsymbol{x}=\boldsymbol{P}\boldsymbol{y}$，可将二次型化为标准形：

$f=2y_2^2+6y_3^2$.

2.（1）$\boldsymbol{f}(x_1,\ x_2,\ x_3)=2(\boldsymbol{a}_1x_1+\boldsymbol{a}_2x_2+\boldsymbol{a}_3x_3)^2+(\boldsymbol{b}_1x_1+\boldsymbol{b}_2x_2+\boldsymbol{b}_3x_3)^2$

$$=2(x_1,\ x_2,\ x_3)\begin{pmatrix} \boldsymbol{a}_1 \\ \boldsymbol{a}_2 \\ \boldsymbol{a}_3 \end{pmatrix}(\boldsymbol{a}_1,\ \boldsymbol{a}_2,\ \boldsymbol{a}_3)\begin{pmatrix} x_1 \\ x_2 \\ x_3 \end{pmatrix}+(x_1,\ x_2,\ x_3)\begin{pmatrix} \boldsymbol{b}_1 \\ \boldsymbol{b}_2 \\ \boldsymbol{b}_3 \end{pmatrix}(\boldsymbol{b}_1,\ \boldsymbol{b}_2,\ \boldsymbol{b}_3)\begin{pmatrix} x_1 \\ x_2 \\ x_3 \end{pmatrix}$$

$$=(x_1,\ x_2,\ x_3)(2\boldsymbol{\alpha}\boldsymbol{\alpha}^{\mathrm{T}}+\boldsymbol{\beta}\boldsymbol{\beta}^{\mathrm{T}})\begin{pmatrix} x_1 \\ x_2 \\ x_3 \end{pmatrix}$$

$$=\boldsymbol{x}^{\mathrm{T}}\boldsymbol{A}\boldsymbol{x},\ (\boldsymbol{A}=2\boldsymbol{\alpha}\boldsymbol{\alpha}^{\mathrm{T}}+\boldsymbol{\beta}\boldsymbol{\beta}^{\mathrm{T}})$$

显然 $\boldsymbol{A}^{\mathrm{T}}=\boldsymbol{A}$，因此，二次型 $\boldsymbol{f}$ 对应的矩阵为 $\boldsymbol{A}=2\boldsymbol{\alpha}\boldsymbol{\alpha}^{\mathrm{T}}+\boldsymbol{\beta}\boldsymbol{\beta}^{\mathrm{T}}$.

（2）由于 $\boldsymbol{A}=2\boldsymbol{\alpha}\boldsymbol{\alpha}^{\mathrm{T}}+\boldsymbol{\beta}\boldsymbol{\beta}^{\mathrm{T}}$，$\boldsymbol{\alpha}$ 与 $\boldsymbol{\beta}$ 正交，$\|\boldsymbol{\alpha}\|=\|\boldsymbol{\beta}\|=1$，所以 $\boldsymbol{A}\boldsymbol{\alpha}=2\boldsymbol{\alpha}$，$\boldsymbol{A}\boldsymbol{\beta}=\boldsymbol{\beta}$，所以 λ_1

$=2$，$\lambda_2=1$ 为 $\boldsymbol{A}$ 的特征值，又因为

$$R(\boldsymbol{A})\leqslant R(2\boldsymbol{\alpha\alpha}^{\mathrm{T}})+R(\boldsymbol{\beta\beta}^{\mathrm{T}})=2<3$$

所以 $|\boldsymbol{A}|=0$，即 $\lambda_3=0$ 为 $\boldsymbol{A}$ 的特征值. 故 f 在正交变换下的标准形为 $2y_1^2+y_2^2$.

第七节　正定二次型

基础训练

一、填空题

1. 正惯性指数　　负惯性指数

2. 正定二次型　　正定矩阵　　负定二次型　　负定矩阵

3. $-\sqrt{2}<t<\sqrt{2}$

二、选择题

1. D　　2. D　　3. B

三、$a>0$

四、设 λ 为 $\boldsymbol{A}$ 的任一特征值，因为 $\boldsymbol{A}$ 为正定，所以 $\lambda>0$，$\boldsymbol{A}+\boldsymbol{E}$ 的任一特征值 $\lambda+1>1>0$，所以 $|\boldsymbol{A}+\boldsymbol{E}|>0$.

五、已知 $(\boldsymbol{A}^{\mathrm{T}}\boldsymbol{A})^{\mathrm{T}}=\boldsymbol{A}^{\mathrm{T}}\boldsymbol{A}$，则 $\boldsymbol{A}^{\mathrm{T}}\boldsymbol{A}$ 为实对称矩阵. 设 $\boldsymbol{x}\neq\boldsymbol{0}$，则 $f(\boldsymbol{x})=\boldsymbol{x}^{\mathrm{T}}\boldsymbol{A}^{\mathrm{T}}\boldsymbol{A}\boldsymbol{x}=(\boldsymbol{A}\boldsymbol{x})^{\mathrm{T}}(\boldsymbol{A}\boldsymbol{x})=\|\boldsymbol{A}\boldsymbol{x}\|^2$，因为 $R(\boldsymbol{A})=n$，所以 $\boldsymbol{A}\boldsymbol{x}\neq\boldsymbol{0}$，从而可得 $f>0$，即 f 为正定二次型，$\boldsymbol{A}^{\mathrm{T}}\boldsymbol{A}$ 为正定矩阵.

能力提升

1. (1) $\lambda_1=\lambda_2=-2$，$\lambda_3=0$；

   (2) $k>2$.

2. 略.

B

第一章 行 列 式

第二节 全排列和对换

基础训练

一、选择题

1. B 2. D 3. A

二、填空题

1. 21 2. $i=4$ $j=6$

三、计算题

1. 5 奇排列

2. $\frac{n(n-1)}{2}$

能力提升

1. 根据逆序数的定义，排列 $n(n-1)\cdots321$ 的逆序数为

$$t=(n-1)+(n-2)+\cdots+1+0=\frac{n(n-1)}{2}$$

(1)当 $n=4k$ 时，有 $t=\frac{4k(4k-1)}{2}=2k(4k-1)$ 为偶数，排列为偶排列，这里 $k\in\mathbf{N}$；

(2) 当 $n=4k+1$ 时，有 $t=\frac{(4k+1)4k}{2}=(4k+1)2k$ 为偶数，排列为偶排列，这里 $k\in\mathbf{N}$；

(3) 当 $n=4k+2$ 时，有 $t=\frac{(4k+2)(4k+1)}{2}=(2k+1)(4k+1)$ 为奇数，排列为奇排列，这里 $k\in\mathbf{N}$；

(4) 当 $n=4k+3$ 时，有 $t=\frac{(4k+3)(4k+2)}{2}=(4k+3)(2k+1)$ 为奇数，排列为奇排列，这里 $k\in\mathbf{N}$.

2. 设 $i_1i_2\cdots i_n$ 是 1，2，…，n 形成的任一排列，则其逆序数

$$t\leqslant(n-1)+(n-2)+\cdots+1+0=\frac{n(n-1)}{2}$$

又 $n(n-1)\cdots321$ 的逆序数为$\frac{n(n-1)}{2}$，于是 1，2，3，…，n 形成的所有排列中逆序数最大的排列为 $n(n-1)\cdots321$，最大逆序数为$\frac{n(n-1)}{2}$.

第四节　行列式的性质

基础训练

一、填空题

1. k

2. $-2m$

3. $a-b$

4. 3 或 6

5. x^4

6. $D_n=\begin{cases}x_1y_1, & n=1\\ 0, & n\geqslant 2\end{cases}$

二、计算题

1. $D_{n+1}=\left(a_0-\sum\limits_{k=1}^{n}\dfrac{b_kd_k}{a_k}\right)\prod\limits_{k=1}^{n}a_k$

2. (1) $D_n=(-1)^{n-1}(n+1)2^{n-2}$

(2) $D_n=1+\sum\limits_{k=1}^{n}a_k$

★3.

$$D_n\xlongequal{r_1+r_i,\ i=2,\cdots,n}\begin{vmatrix}k+(n-1)\lambda & k+(n-1)\lambda & k+(n-1)\lambda & \cdots & k+(n-1)\lambda\\ \lambda & k & \lambda & \cdots & \lambda\\ \lambda & \lambda & k & \cdots & \lambda\\ \vdots & \vdots & \vdots & & \vdots\\ \lambda & \lambda & \lambda & \cdots & k\end{vmatrix}$$

$$=[k+(n-1)\lambda]\begin{vmatrix}1 & 1 & 1 & \cdots & 1\\ \lambda & k & \lambda & \cdots & \lambda\\ \lambda & \lambda & k & \cdots & \lambda\\ \vdots & \vdots & \vdots & & \vdots\\ \lambda & \lambda & \lambda & \cdots & k\end{vmatrix}$$

$$\xlongequal{r_i+r_1\times(-\lambda),\ i=2,\cdots,n}[k+(n-1)\lambda]\begin{vmatrix}1 & 1 & 1 & \cdots & 1\\ 0 & k-\lambda & 0 & \cdots & 0\\ 0 & 0 & k-\lambda & \cdots & \lambda\\ \vdots & \vdots & \vdots & & \vdots\\ 0 & 0 & 0 & \cdots & k-\lambda\end{vmatrix}$$

$$=[k+(n-1)\lambda](k-\lambda)^{n-1}$$

三、证明题

1.

$$
\text{左边}\xlongequal[c_j+c_1\times(-1),\ j=2,3,4]{}\begin{vmatrix} a^2 & 2a+1 & 4a+4 & 6a+9 \\ b^2 & 2b+1 & 4b+4 & 6b+9 \\ c^2 & 2c+1 & 4c+4 & 6c+9 \\ d^2 & 2d+1 & 4d+4 & 6d+9 \end{vmatrix}
$$

$$
\xlongequal[\substack{c_3+c_2\times(-2)\\ c_4+c_2\times(-3)}]{}\begin{vmatrix} a^2 & 2a+1 & 2 & 6 \\ b^2 & 2b+1 & 2 & 6 \\ c^2 & 2c+1 & 2 & 6 \\ d^2 & 2d+1 & 2 & 6 \end{vmatrix}=0=\text{右边}
$$

★2. 提示：将 D_3 按第一列分裂成两个行列式之和，对第一个行列式：从第一列提取公因式 a，再将第一列乘以$(-b)$加到第三列；然后从第三列提取公因式 a，再将第三列乘以$(-b)$加到第二列，对第二个行列式用类似的方法.

能力提升

★1. 0

2. $-[(a+c)^2-(b+d)^2][(a-c)^2+(b-d)^2]$

★3.

$$
D_n\xlongequal{r_i-r_{i-1},\ i=n,n-1,\cdots,3}\begin{vmatrix} \lambda & a & a & \cdots & a & a \\ b & \alpha & \beta & \cdots & \beta & \beta \\ 0 & \beta-\alpha & \alpha-\beta & \cdots & 0 & 0 \\ \vdots & \vdots & \vdots & & \vdots & \vdots \\ 0 & 0 & 0 & \cdots & \alpha-\beta & 0 \\ 0 & 0 & 0 & \cdots & \beta-\alpha & \alpha-\beta \end{vmatrix}
$$

$$
\xlongequal[c_2+c_3+\cdots+c_n]{}\begin{vmatrix} \lambda & (n-1)a & a & \cdots & a & a \\ b & \alpha+(n-2)\beta & \beta & \cdots & \beta & \beta \\ 0 & 0 & \alpha-\beta & \cdots & 0 & 0 \\ \vdots & \vdots & \vdots & & \vdots & \vdots \\ 0 & 0 & 0 & \cdots & \alpha-\beta & 0 \\ 0 & 0 & 0 & \cdots & \beta-\alpha & \alpha-\beta \end{vmatrix}
$$

$$
=\begin{vmatrix} \lambda & (n-1)a \\ b & \alpha+(n-2)\beta \end{vmatrix}\begin{vmatrix} \alpha-\beta & 0 & \cdots & 0 & 0 \\ \beta-\alpha & \alpha-\beta & \cdots & 0 & 0 \\ 0 & \beta-\alpha & \cdots & 0 & 0 \\ \vdots & \vdots & & \vdots & \vdots \\ 0 & 0 & \cdots & \beta-\alpha & \alpha-\beta \end{vmatrix}
$$

$$
=[\lambda\alpha+(n-2)\lambda\beta-(n-1)ab](\alpha-\beta)^{n-2}
$$

4. 提示：由于已知行列式中每个元素均为奇数，将它的第一行依次加到第二、三、四行得到的新行列式后三行元素均为偶数，因此后三行均可提取偶数因子 2，剩下的行列式元素均为整数，它的值也必为整数. 故已知行列式为 8 的整数倍，即已知行列式能被 8 整除.

第二章　矩阵及其运算

第二节　矩 阵 的 运 算

基础训练

一、选择题

1. D　　2. B

二、填空题

1. $a=b=c=2$

2. $\begin{pmatrix} 1 & 1 & 0 \\ 2 & 0 & -1 \end{pmatrix}$

3. $\boldsymbol{A}^{18}=\mathrm{diag}\left(\frac{1}{2^{18}}, \frac{1}{2^{18}}, 1\right)$　　$|\boldsymbol{A}^{12}|=\frac{1}{4^{12}}$

4. $\boldsymbol{BA}=\left(\sum_{i=1}^{m} a_{i1}, \sum_{i=1}^{m} a_{i2}, \cdots, \sum_{i=1}^{m} a_{in}\right)$　　$\boldsymbol{AC}=\begin{pmatrix} \sum_{j=1}^{n} a_{1j} \\ \sum_{j=1}^{n} a_{2j} \\ \vdots \\ \sum_{j=1}^{n} a_{mj} \end{pmatrix}$

注：$\boldsymbol{BA}$ 实现了 $\boldsymbol{A}$ 的每列元素相加，$\boldsymbol{AC}$ 实现了 $\boldsymbol{A}$ 的每行元素相加.

5. $(\boldsymbol{A}^*\boldsymbol{A})^{10}=2^{10}\boldsymbol{E}$　　$|\boldsymbol{A}^*|=4$

注：处理与伴随矩阵相关的问题，$\boldsymbol{A}^*\boldsymbol{A}=\boldsymbol{A}\boldsymbol{A}^*=|\boldsymbol{A}|\boldsymbol{E}$ 至关重要.

★6.　$\boldsymbol{A}^{\mathrm{T}}\boldsymbol{B}=\begin{pmatrix} 2 & 1 & 2 \\ 4 & 2 & 4 \\ 2 & 1 & 2 \end{pmatrix}$　　$\boldsymbol{AB}^{\mathrm{T}}=6$

$(\boldsymbol{A}^{\mathrm{T}}\boldsymbol{B})^k=6^{k-1}\begin{pmatrix} 2 & 1 & 2 \\ 4 & 2 & 4 \\ 2 & 1 & 2 \end{pmatrix}$　　$|\boldsymbol{A}^{\mathrm{T}}\boldsymbol{B}|=0$

7. $a_{11}x_1^2+a_{22}x_{12}^2+a_{33}x_3^2+2a_{12}x_1x_2+2a_{13}x_1x_3+2a_{23}x_2x_3$

8. $\begin{pmatrix} \cos n\theta & -\sin n\theta \\ \sin n\theta & \cos n\theta \end{pmatrix}$

三、计算题

1. 由已知，有

$$\boldsymbol{M}=\begin{pmatrix} (k-\lambda)+\lambda & 0+\lambda & 0+\lambda & \cdots & 0+\lambda \\ 0+\lambda & (k-\lambda)+\lambda & 0+\lambda & \cdots & 0+\lambda \\ \vdots & \vdots & \vdots & & \vdots \\ 0+\lambda & 0+\lambda & 0+\lambda & \cdots & (k-\lambda)+\lambda \end{pmatrix}$$

$$=\begin{pmatrix} k-\lambda & 0 & 0 & \cdots & 0 \\ 0 & k-\lambda & 0 & \cdots & 0 \\ \vdots & \vdots & \vdots & & \vdots \\ 0 & 0 & 0 & \cdots & k-\lambda \end{pmatrix}+\begin{pmatrix} \lambda & \lambda & \lambda & \cdots & \lambda \\ \lambda & \lambda & \lambda & \cdots & \lambda \\ \vdots & \vdots & \vdots & & \vdots \\ \lambda & \lambda & \lambda & \cdots & \lambda \end{pmatrix}$$

$$=(k-\lambda)E+\lambda J$$

2. 由已知，有

$$\boldsymbol{A}^{\mathrm{T}}\boldsymbol{A}=\begin{pmatrix} \delta & & & \\ & \delta & & \\ & & \delta & \\ & & & \delta \end{pmatrix}$$

其中 $\delta=a^2+b^2+c^2+d^2$，则

$$|\boldsymbol{A}|^2=|\boldsymbol{A}|\,|\boldsymbol{A}^{\mathrm{T}}|=|\boldsymbol{A}\boldsymbol{A}^{\mathrm{T}}|=\begin{vmatrix} \delta & & & \\ & \delta & & \\ & & \delta & \\ & & & \delta \end{vmatrix}=\delta^4$$

于是

$$|\boldsymbol{A}|=\pm\delta^2$$

又 $|\boldsymbol{A}|$ 中 a^4 项系数为 1，因此 $|\boldsymbol{A}|=\delta^2=(a^2+b^2+c^2+d^2)^2$.

3. 不能. 例如，取 $\boldsymbol{A}=\begin{pmatrix} 1 & 0 \\ 0 & 1 \end{pmatrix}$，$\boldsymbol{B}=\begin{pmatrix} 1 & 0 \\ 0 & -1 \end{pmatrix}$，则 $\boldsymbol{A}^2=\boldsymbol{B}^2$，但是 $\boldsymbol{A}\neq\boldsymbol{B}$ 且 $\boldsymbol{A}\neq-\boldsymbol{B}$. 主要原因在于矩阵乘法不满足交换律与消去律.

★4. 令 $\boldsymbol{B}=\begin{pmatrix} 0 & \mu \\ 0 & 0 \end{pmatrix}$，则

$$\boldsymbol{B}^2=\boldsymbol{O}\text{ 且 }\boldsymbol{A}=\lambda\boldsymbol{E}+\boldsymbol{B},$$

又 $(\lambda\boldsymbol{E})\boldsymbol{B}=\boldsymbol{B}(\lambda\boldsymbol{E})$，于是由二项式定理，有

$$\begin{aligned}\boldsymbol{A}^n&=(\lambda\boldsymbol{E}+\boldsymbol{B})^n=(\lambda\boldsymbol{E})^n+\mathrm{C}_n^1\,(\lambda\boldsymbol{E})^{n-1}\boldsymbol{B}\\&=\lambda^n\boldsymbol{E}+n\lambda^{n-1}\boldsymbol{B}=\begin{pmatrix} \lambda^n & n\mu\lambda^{n-1} \\ 0 & \lambda^n \end{pmatrix}\end{aligned}$$

四、证明题

1. 利用转置运算与乘法运算的性质及对称矩阵的定义容易证明.

2. 设 $\boldsymbol{A}=(a_{ij})_n$，$\forall i\in\{1, 2, \cdots, n\}$，由 $\boldsymbol{A}$ 是实对称矩阵，有

$$a_{ik}=a_{ki}, \quad k=1, 2, \cdots, n$$

于是

$$\sum_{k=1}^{n} a_{ik} = \sum_{k=1}^{n} a_{ki}$$

从而 $\boldsymbol{A}$ 的第 i 行元素之和等于它的第 i 列元素之和.

能力提升

1. $|\boldsymbol{A}|=-1$ 或 $|\boldsymbol{A}|=0$(舍去)

★2. 由已知，有

$$\boldsymbol{A}^2=\begin{pmatrix} 0 & 1 & 0 & \cdots & 0 \\ 0 & 0 & 1 & \cdots & 0 \\ \vdots & \vdots & \vdots & & \vdots \\ 0 & 0 & 0 & \cdots & 1 \\ 0 & 0 & 0 & \cdots & 0 \end{pmatrix}\begin{pmatrix} 0 & 1 & 0 & \cdots & 0 \\ 0 & 0 & 1 & \cdots & 0 \\ \vdots & \vdots & \vdots & & \vdots \\ 0 & 0 & 0 & \cdots & 1 \\ 0 & 0 & 0 & \cdots & 0 \end{pmatrix}$$

$$=\begin{pmatrix} 0 & 0 & 1 & 0 & \cdots & 0 \\ 0 & 0 & 0 & 1 & \cdots & 0 \\ \vdots & \vdots & \vdots & \vdots & & \vdots \\ 0 & 0 & 0 & 0 & \cdots & 1 \\ 0 & 0 & 0 & 0 & \cdots & 0 \\ 0 & 0 & 0 & 0 & \cdots & 0 \end{pmatrix}$$

猜想：当 $m<n$ 时，有

m 个零列 ↓

$$\boldsymbol{A}^m=\begin{pmatrix} 0 & \cdots & 0 & 1 & 0 & \cdots & 0 \\ 0 & \cdots & 0 & 0 & 1 & \cdots & 0 \\ \vdots & & \vdots & \vdots & \vdots & & \vdots \\ 0 & \cdots & 0 & 0 & 0 & \cdots & 1 \\ 0 & \cdots & 0 & 0 & 0 & \cdots & 0 \\ \vdots & & \vdots & \vdots & \vdots & & \vdots \\ 0 & \cdots & 0 & 0 & 0 & \cdots & 0 \end{pmatrix} \leftarrow m \text{ 个零行}$$

下面用数学归纳法证明猜想.

当 $m=1$ 时，结论显然成立；

假设当 $m=k$ 时结论成立；

当 $m=k+1$ 时，有

k 个零列

$$
A^{k+1}=AA^{k}=\begin{pmatrix}0&1&0&\cdots&0\\0&0&1&\cdots&0\\\vdots&\vdots&\vdots&&\vdots\\0&0&0&\cdots&1\\0&0&0&\cdots&0\end{pmatrix}\begin{pmatrix}0&\cdots&0&1&0&\cdots&0\\0&\cdots&0&0&1&\cdots&0\\\vdots&&\vdots&\vdots&\vdots&&\vdots\\0&\cdots&0&0&0&\cdots&1\\0&\cdots&0&0&0&\cdots&0\\\vdots&&\vdots&\vdots&\vdots&&\vdots\\0&\cdots&0&0&0&\cdots&0\end{pmatrix}\leftarrow k\text{ 个零行}
$$

$(k+1)$个零列

$$
=\begin{pmatrix}0&\cdots&0&1&0&\cdots&0\\0&\cdots&0&0&1&\cdots&0\\\vdots&&\vdots&\vdots&\vdots&&\vdots\\0&\cdots&0&0&0&\cdots&1\\0&\cdots&0&0&0&\cdots&0\\\vdots&&\vdots&\vdots&\vdots&&\vdots\\0&\cdots&0&0&0&\cdots&0\end{pmatrix}\leftarrow(k+1)\text{个零行}
$$

结论成立. 从而由数学归纳法，当 $1\leqslant m<n$ 时，猜想成立.

当 $m=n$ 时，有

$(n-1)$个零列

$$
A^{n}=AA^{n-1}=\begin{pmatrix}0&1&0&\cdots&0\\0&0&1&\cdots&0\\\vdots&\vdots&\vdots&&\vdots\\0&0&0&\cdots&1\\0&0&0&\cdots&0\end{pmatrix}\begin{pmatrix}0&\cdots&0&1&0&\cdots&0\\0&\cdots&0&0&1&\cdots&0\\\vdots&&\vdots&\vdots&\vdots&&\vdots\\0&\cdots&0&0&0&\cdots&1\\0&\cdots&0&0&0&\cdots&0\\\vdots&&\vdots&\vdots&\vdots&&\vdots\\0&\cdots&0&0&0&\cdots&0\end{pmatrix}\leftarrow(n-1)\text{个零列}
$$

$$
=O
$$

于是当 $m\geqslant n$ 时，有 $A^{m}=O$.

3. 由已知，有 $B=A-E$，于是

$$
\begin{aligned}
CB&=C(A-E)\\
&=\Big(\sum_{k=0}^{m}A^{k}\Big)(A-E)\\
&=A^{m+1}-E\\
&=\begin{pmatrix}a_1^{m+1}-1&&&\\&a_2^{m+1}-1&&\\&&\ddots&\\&&&a_n^{m+1}-1\end{pmatrix}
\end{aligned}
$$

4. 由已知，有

$$D_1=\sin 2\alpha_1,$$

$$D_2=\begin{vmatrix}\sin 2\alpha_1 & \sin(\alpha_1+\alpha_2)\\ \sin(\alpha_2+\alpha_1) & \sin 2\alpha_2\end{vmatrix}=-\sin^2(\alpha_1-\alpha_2)$$

当 $n\geqslant 3$ 时，有

$$D_n=\begin{vmatrix}2\sin\alpha_1\cos\alpha_1 & \sin\alpha_1\cos\alpha_2+\cos\alpha_1\sin\alpha_2 & \cdots & \sin\alpha_1\cos\alpha_n+\cos\alpha_1\sin\alpha_n\\ \sin\alpha_2\cos\alpha_1+\cos\alpha_2\sin\alpha_1 & 2\sin\alpha_2\cos\alpha_2 & \cdots & \sin\alpha_2\cos\alpha_n+\cos\alpha_2\sin\alpha_n\\ \vdots & \vdots & & \vdots\\ \sin\alpha_n\cos\alpha_1+\cos\alpha_n\sin\alpha_1 & \sin\alpha_n\cos\alpha_2+\cos\alpha_n\sin\alpha_2 & \cdots & 2\sin\alpha_n\cos\alpha_n\end{vmatrix}$$

$$=\left|\begin{pmatrix}\sin\alpha_1 & \cos\alpha_1 & 0 & \cdots & 0\\ \sin\alpha_2 & \cos\alpha_2 & 0 & \cdots & 0\\ \vdots & \vdots & \vdots & & \vdots\\ \sin\alpha_{n-1} & \cos\alpha_{n-1} & 0 & \cdots & 0\\ \sin\alpha_n & \cos\alpha_n & 0 & \cdots & 0\end{pmatrix}\begin{pmatrix}\cos\alpha_1 & \cos\alpha_2 & \cdots & \cos\alpha_{n-1} & \cos\alpha_n\\ \sin\alpha_1 & \sin\alpha_2 & \cdots & \sin\alpha_{n-1} & \sin\alpha_n\\ 0 & 0 & \cdots & 0 & 0\\ \vdots & \vdots & & \vdots & \vdots\\ 0 & 0 & \cdots & 0 & 0\end{pmatrix}\right|$$

$$=\begin{vmatrix}\sin\alpha_1 & \cos\alpha_1 & 0 & \cdots & 0\\ \sin\alpha_2 & \cos\alpha_2 & 0 & \cdots & 0\\ \vdots & \vdots & \vdots & & \vdots\\ \sin\alpha_{n-1} & \cos\alpha_{n-1} & 0 & \cdots & 0\\ \sin\alpha_n & \cos\alpha_n & 0 & \cdots & 0\end{vmatrix}\begin{vmatrix}\cos\alpha_1 & \cos\alpha_2 & \cdots & \cos\alpha_{n-1} & \cos\alpha_n\\ \sin\alpha_1 & \sin\alpha_2 & \cdots & \sin\alpha_{n-1} & \sin\alpha_n\\ 0 & 0 & \cdots & 0 & 0\\ \vdots & \vdots & & \vdots & \vdots\\ 0 & 0 & \cdots & 0 & 0\end{vmatrix}$$

$$=0$$

综上所述，有

$$D_n=\begin{cases}\sin 2\alpha_1, & n=1\\ -\sin^2(\alpha_1-\alpha_2), & n=2\\ 0, & n\geqslant 3\end{cases}$$

第四节　克拉默法则

基础训练

一、填空题

1. -2

2. $\left(\frac{1}{2}, 1, \frac{1}{2}\right)^{\mathrm{T}}$

二、计算题

1. $\boldsymbol{x}=\begin{pmatrix}2\\0\\0\end{pmatrix}$

2. $\boldsymbol{x}=\begin{pmatrix}1\\0\\0\\0\end{pmatrix}$

能力提升

★1. 由已知，方程组的系数矩阵为

$$\boldsymbol{A}=\begin{pmatrix}a & & & & & b\\ & \ddots & & & \cdot^{\cdot^{\cdot}} & \\ & & a & b & & \\ & & b & a & & \\ & \cdot^{\cdot^{\cdot}} & & & \ddots & \\ b & & & & & a\end{pmatrix}_{2n}$$

则

$$|\boldsymbol{A}|=(a^2-b^2)^n\neq 0$$

根据克拉默法则方程组有唯一解. 又方程组等价于如下 n 个方程组：

$$\begin{cases}ax_i+bx_{2n+1-i}=1\\ bx_i+ax_{2n+1-i}=1\end{cases},\ i=1,\ 2,\ \cdots,\ n$$

解之得

$$x_i=\frac{1}{a+b},\ x_{2n+1-i}=\frac{1}{a+b},\ i=1,\ 2,\ \cdots,\ n$$

即原方程组的解为

$$x_1=x_2=\cdots=x_{2n}=\frac{1}{a+b}$$

2. 多项式 $f(x)$满足的约束 $f(x_i)=y_i$，$i=0$，1，$\cdots$，n 等价于关于a_0，a_1，$\cdots$，a_n 的线性方程组

$$\begin{cases}a_0+x_0a_1+\cdots+x_0^na_n=y_0\\ a_0+x_1a_1+\cdots+x_1^na_n=y_1\\ \quad\vdots\\ a_0+x_na_1+\cdots+x_n^na_n=y_n\end{cases}\tag{2.1}$$

于是满足约束的多项式 $f(x)$是否唯一等价于方程组(2.1)是否有唯一解. 方程组(2.1)的系数矩阵为

$$\boldsymbol{A}=\begin{pmatrix}1 & x_0 & \cdots & x_0^n\\ 1 & x_1 & \cdots & x_1^n\\ \vdots & \vdots & & \vdots\\ 1 & x_n & \cdots & x_n^n\end{pmatrix}$$

$\boldsymbol{A}^{\mathrm{T}}$ 是一个范德蒙矩阵. 由 x_0，x_1，$\cdots$，x_n 互不相同，有$|\boldsymbol{A}|=|\boldsymbol{A}^{\mathrm{T}}|\neq 0$，根据克拉默法则，方程组(2. 1)有唯一解，从而满足约束的多项式 $f(x)$唯一存在.

3. $h(t)=13.60-0.0042t+0.00015t^2+0.0000033t^3$

$h(15)=13.56$

第三章　矩阵的初等变换与线性方程组

第二节　矩 阵 的 秩

基础训练

一、判断题

1. × 　矩阵 $\boldsymbol{A}$ 的秩为 r，只能说明至少存在一个 r 阶子式不为零.

2. √

3. × 　秩相同的矩阵未必同型，也谈不上等价.

4. √

5. √

6. √

二、填空题

1. r 　　m

2. 3

3. 1

4. 2 　由于 $\boldsymbol{B}=\begin{pmatrix}1&0&2\\0&2&0\\-1&0&3\end{pmatrix}$ 可逆，$\boldsymbol{AB}$ 相当于对矩阵 $\boldsymbol{A}$ 做若干次初等行变换，而初等行变换不改变矩阵的秩，因此 $R(\boldsymbol{AB})=R(\boldsymbol{A})=2$.

★5. $t\neq\dfrac{5}{2}$

三、选择题

1. D　　2. B　　3. D　　4. A　　5 A

★6. C

四、计算题

1. 对矩阵进行初等行变换，化为行阶梯形：

$$\boldsymbol{A}=\begin{pmatrix}1&2&3\\0&1&5\\-1&-2&-4\end{pmatrix}\to\begin{pmatrix}1&2&3\\0&1&5\\0&0&-1\end{pmatrix}$$

则 $R(A)=3$.

★2. 对矩阵进行初等行变换，化为行阶梯形：

(1) 当 $k=1$ 时，$R(\boldsymbol{A})=1$；

(2) 当 $k=-2$ 时，$R(\boldsymbol{A})=2$；

(3) 当 $k\neq1$ 且 $k\neq-2$ 时，$R(\boldsymbol{A})=3$.

3. 因为 $\boldsymbol{P}$ 可逆，所以 $R(\boldsymbol{A})=R(\boldsymbol{PA})=3$.

能力提升

1. C　等价矩阵未必相等，故选项 A、B 均不正确，$\boldsymbol{A}$，$\boldsymbol{B}$ 为 n 阶等价矩阵，其秩相等，因此选 C.

2. B　根据矩阵 $\boldsymbol{A}_n$ 的秩与矩阵的伴随矩阵 $\boldsymbol{A}^*$ 的秩的关系，即

$$R(\boldsymbol{A}^*)=\begin{cases}0, & R(\boldsymbol{A})\leqslant n-2\\ 1, & R(\boldsymbol{A})=n-1\\ n, & R(\boldsymbol{A})=n\end{cases}$$

有 $R(\boldsymbol{A})=2$，即 $|\boldsymbol{A}|=\begin{vmatrix}a&b&b\\b&a&b\\b&b&a\end{vmatrix}=0$，得出 $a=-2b$ 或 $a=b$，当 $a=b$ 时，$R(\boldsymbol{A})=0$，故选 B.

★3. A

4. A　由于 $AB=E$，因此 $R(AB)=R(E)=m$；又由于 $m=R(AB)\leqslant R(A)\leqslant m$，$m=R(AB)\leqslant R(B)\leqslant m$，因此 $R(A)=m=R(B)$.

★5. $t=30$

6. 将矩阵化为行阶梯形：

$$\begin{pmatrix}1&\lambda&-1&2\\2&-1&\lambda&5\\1&10&-6&1\end{pmatrix}\to\begin{pmatrix}1&10&-6&1\\0&-21&\lambda+12&3\\0&\lambda-10&5&1\end{pmatrix}$$

当 $\dfrac{-21}{\lambda-10}=\dfrac{\lambda+12}{5}=\dfrac{3}{1}$，即 $\lambda=3$ 时，所给矩阵的秩为最小，此时秩为 2.

第四章　向量组的线性相关性

第二节　向量组的线性相关性

基础训练

一、填空题

1. $-\dfrac{5}{13}$　　2. $\dfrac{1}{2}$　　3. 5

4. $t\neq-5$　　5. 无关　　6. 相关

7. 相关　　8. 相关　　9. 无关

二、选择题

1. C　　2. D　　3. D　　4. C　　5. D

三、证明题

★1. 由 $\boldsymbol{\alpha}_3=\boldsymbol{\alpha}_2+2\boldsymbol{\alpha}_4$，知 $\boldsymbol{\alpha}_2,\boldsymbol{\alpha}_3,\boldsymbol{\alpha}_4$ 线性相关，从而可知

$$R(\boldsymbol{\alpha}_1,\boldsymbol{\alpha}_2,\boldsymbol{\alpha}_3,\boldsymbol{\alpha}_4)\leqslant 3$$

又由 $\boldsymbol{\beta}_1,\boldsymbol{\beta}_2,\cdots,\boldsymbol{\beta}_4$ 可由 $\boldsymbol{\alpha}_1,\boldsymbol{\alpha}_2,\cdots,\boldsymbol{\alpha}_4$ 线性表示可知 $R(\boldsymbol{\beta}_1,\boldsymbol{\beta}_2,\boldsymbol{\beta}_3,\boldsymbol{\beta}_4)\leqslant R(\boldsymbol{\alpha}_1,\boldsymbol{\alpha}_2,\boldsymbol{\alpha}_3,\boldsymbol{\alpha}_4)\leqslant 3$. 所以 $\boldsymbol{\beta}_1,\boldsymbol{\beta}_2,\cdots,\boldsymbol{\beta}_4$ 线性相关.

★2. 令

$$\boldsymbol{\beta}=\begin{pmatrix}\boldsymbol{\beta}_1\\\boldsymbol{\beta}_2\\\boldsymbol{\beta}_3\\\vdots\\\boldsymbol{\beta}_n\end{pmatrix}=\begin{pmatrix}\boldsymbol{\alpha}_1\\\boldsymbol{\alpha}_1+\boldsymbol{\alpha}_2\\\boldsymbol{\alpha}_1+\boldsymbol{\alpha}_2+\boldsymbol{\alpha}_3\\\vdots\\\boldsymbol{\alpha}_1+\boldsymbol{\alpha}_2+\boldsymbol{\alpha}_3+\cdots+\boldsymbol{\alpha}_n\end{pmatrix}$$

$$=(\boldsymbol{\alpha}_1,\boldsymbol{\alpha}_2,\cdots,\boldsymbol{\alpha}_5)\begin{bmatrix}1&&&&\\1&1&&&\\1&1&1&&\\\vdots&\vdots&\vdots&\ddots&\\1&1&1&\cdots&1\end{bmatrix}=\boldsymbol{AL}$$

由 $|\boldsymbol{L}|=1$ 以及 $\boldsymbol{\alpha}_1,\boldsymbol{\alpha}_2,\cdots,\boldsymbol{\alpha}_n$ 线性无关得 $\boldsymbol{\beta}_1,\boldsymbol{\beta}_2,\cdots,\boldsymbol{\beta}_n$ 线性无关.

3. 因为

$$\boldsymbol{\alpha}_1=\frac{1}{2}\boldsymbol{\beta}_1-\frac{1}{2}\boldsymbol{\beta}_2+\frac{1}{2}\boldsymbol{\beta}_3,\ \boldsymbol{\alpha}_2=\frac{1}{2}\boldsymbol{\beta}_2-\frac{1}{2}\boldsymbol{\beta}_3+\frac{1}{2}\boldsymbol{\beta}_1,\ \boldsymbol{\alpha}_3=\frac{1}{2}\boldsymbol{\beta}_3-\frac{1}{2}\boldsymbol{\beta}_1+\frac{1}{2}\boldsymbol{\beta}_2$$

故两向量组 $\boldsymbol{\alpha}_1,\boldsymbol{\alpha}_2,\boldsymbol{\alpha}_3$ 与 $\boldsymbol{\beta}_1,\boldsymbol{\beta}_2,\boldsymbol{\beta}_3$ 等价，所以同秩. 故 $\boldsymbol{\alpha}_1,\boldsymbol{\alpha}_2,\boldsymbol{\alpha}_3$ 线性无关当且仅当 $\boldsymbol{\beta}_1,\boldsymbol{\beta}_2,\boldsymbol{\beta}_3$ 线性无关.

★4. 根据题意知

$$(\boldsymbol{\alpha}_1,\boldsymbol{\alpha}_2,\boldsymbol{\alpha}_3,\boldsymbol{\alpha}_4)=(\boldsymbol{\beta}_1,\boldsymbol{\beta}_2,\boldsymbol{\beta}_3,\boldsymbol{\beta}_4)\begin{pmatrix}1&-1&-1&-1\\-1&1&-1&-1\\-1&-1&1&-1\\-1&-1&-1&1\end{pmatrix}$$

设

$$\boldsymbol{P}=\begin{pmatrix}1&-1&-1&-1\\-1&1&-1&-1\\-1&-1&1&-1\\-1&-1&-1&1\end{pmatrix}$$

由于 $|\boldsymbol{P}|\neq 0$，因此 $\boldsymbol{P}$ 可逆，从而有 $(\boldsymbol{\beta}_1,\boldsymbol{\beta}_2,\boldsymbol{\beta}_3,\boldsymbol{\beta}_4)=(\boldsymbol{\alpha}_1,\boldsymbol{\alpha}_2,\boldsymbol{\alpha}_3,\boldsymbol{\alpha}_4)\boldsymbol{P}^{-1}$，即 $(\boldsymbol{\beta}_1,\boldsymbol{\beta}_2,\boldsymbol{\beta}_3,\boldsymbol{\beta}_4)$ 可由 $(\boldsymbol{\alpha}_1,\boldsymbol{\alpha}_2,\boldsymbol{\alpha}_3,\boldsymbol{\alpha}_4)$ 线性表示，可得向量组 $(\boldsymbol{\alpha}_1,\boldsymbol{\alpha}_2,\boldsymbol{\alpha}_3,\boldsymbol{\alpha}_4)$ 与 $(\boldsymbol{\beta}_1,\boldsymbol{\beta}_2,\boldsymbol{\beta}_3,\boldsymbol{\beta}_4)$ 等价，又向量组 $\boldsymbol{\alpha}_1,\boldsymbol{\alpha}_2,\boldsymbol{\alpha}_3,\boldsymbol{\alpha}_4$ 线性无关，所以得向量组 $\boldsymbol{\beta}_1,\boldsymbol{\beta}_2,\boldsymbol{\beta}_3,\boldsymbol{\beta}_4$ 线性无关.

能力提升

1. $a-2b=0$　　2. -1

3. $\lambda=1$ 或 $\lambda=-\dfrac{1}{2}$

4. B　　5. C　　6. B　　7. A

8. 根据题意，设 $k_1\boldsymbol{\alpha}_1+\cdots+k_m\boldsymbol{\alpha}_m+k(l\boldsymbol{\beta}_1+\boldsymbol{\beta}_2)=0$，又 $\boldsymbol{\beta}_1$ 可由 $\boldsymbol{\alpha}_1, \boldsymbol{\alpha}_2, \cdots, \boldsymbol{\alpha}_m$ 线性表示，即存在不全为零的数 $l_1, l_2, \cdots, l_m$ 有 $\boldsymbol{\beta}_1=l_1\boldsymbol{\alpha}_1+l_2\boldsymbol{\alpha}_2+\cdots+l_m\boldsymbol{\alpha}_m$，从而可得

$$(k_1+kl_1)\boldsymbol{\alpha}_1+\cdots+(k_m+kl_m)\boldsymbol{\alpha}_m+k\boldsymbol{\beta}_2=0$$

因为 $\boldsymbol{\beta}_2$ 不能由 A 线性表示，所以 $k=0$. 故由 $k_i+kl_i=0$ 可知 $k_i=0$，$i=1, 2, \cdots, m$，即得 $\boldsymbol{\alpha}_1, \boldsymbol{\alpha}_2, \cdots, \boldsymbol{\alpha}_m, l\boldsymbol{\beta}_1+\boldsymbol{\beta}_2$ 线性无关.

★9. (1) $3=R(\boldsymbol{\alpha}_1, \boldsymbol{\alpha}_2, \boldsymbol{\alpha}_3)\leqslant R(\boldsymbol{\beta}_1, \boldsymbol{\beta}_2, \boldsymbol{\beta}_3)\leqslant 3$，故 $R(\boldsymbol{\beta}_1, \boldsymbol{\beta}_2, \boldsymbol{\beta}_3)=3$；

(2) $3=R(\boldsymbol{\alpha}_1, \boldsymbol{\alpha}_2, \boldsymbol{\alpha}_3)=R(\boldsymbol{\beta}_1, \boldsymbol{\beta}_2, \boldsymbol{\beta}_3)$，且 $\boldsymbol{\alpha}_1, \boldsymbol{\alpha}_2, \boldsymbol{\alpha}_3$，可由 $\boldsymbol{\beta}_1, \boldsymbol{\beta}_2, \boldsymbol{\beta}_3$ 线性表示，故向量组 $\boldsymbol{\alpha}_1, \boldsymbol{\alpha}_2, \boldsymbol{\alpha}_3$ 与 $\boldsymbol{\beta}_1, \boldsymbol{\beta}_2, \boldsymbol{\beta}_3$ 等价；

(3) 若不，则对任意 $\boldsymbol{\alpha}_j, \boldsymbol{\alpha}_j, \boldsymbol{\beta}_2, \boldsymbol{\beta}_3$ 线性相关，$\boldsymbol{\beta}_2, \boldsymbol{\beta}_3$ 线性无关，故 $\boldsymbol{\alpha}_1, \boldsymbol{\alpha}_2, \boldsymbol{\alpha}_3$ 由 $\boldsymbol{\beta}_2, \boldsymbol{\beta}_3$ 线性表示，$3=r(\boldsymbol{\alpha}_1, \boldsymbol{\alpha}_2, \boldsymbol{\alpha}_3)\leqslant R(\boldsymbol{\beta}_2, \boldsymbol{\beta}_3)=2$，矛盾.

10. 作矩阵 $\boldsymbol{A}=(\boldsymbol{\alpha}_1+\boldsymbol{\beta}, \boldsymbol{\alpha}_2+\boldsymbol{\beta}, \cdots, \boldsymbol{\alpha}_k+\boldsymbol{\beta}, \boldsymbol{\beta})$，$\boldsymbol{A}$ 的第 1 至第 k 列均减去第 $k+1$ 列，得 $\boldsymbol{B}=(\boldsymbol{\alpha}_1, \boldsymbol{\alpha}_2, \cdots, \boldsymbol{\alpha}_k, \boldsymbol{\beta})$. 易知 $\boldsymbol{B}$ 的列向量组线性无关，若不然，据题设，有 $\boldsymbol{\beta}=\sum\limits_{i=1}^{k}\lambda_i\boldsymbol{\alpha}_i$，从而 $\boldsymbol{A\beta}=\sum\limits_{i=1}^{k}\lambda_i\boldsymbol{A\alpha}_i=\boldsymbol{0}$，与 $\boldsymbol{A\beta}\neq\boldsymbol{0}$ 矛盾，于是得 $R(\boldsymbol{A})=R(\boldsymbol{B})=k+1$，所以 $\boldsymbol{A}$ 的列向量组 $\boldsymbol{\alpha}_1+\boldsymbol{\beta}, \boldsymbol{\alpha}_2+\boldsymbol{\beta}, \cdots, \boldsymbol{\alpha}_k+\boldsymbol{\beta}, \boldsymbol{\beta}$ 线性无关.

第四节　线性方程组解的结构

基础训练

一、填空题

1. $\alpha_1, \alpha_2, \alpha_3$　　2. 3

3. $\dfrac{1}{3}(1, 1, 1)^{\mathrm{T}}+k(1, 0, 0)^{\mathrm{T}}$，$k\in\mathbf{R}$　　4. $\lambda\neq 1$

二、选择题

1. A　　2. B　　3. A

三、计算和证明题

★ 1. 当 $\lambda\neq 0$ 且 $\lambda\neq\pm 1$ 时，有唯一解；

当 $\lambda=0$ 或 $\lambda=1$ 时，无解；

当 $\lambda=-1$ 时，有无穷多解，通解为 $x=(1, -1, 0)^{\mathrm{T}}+k(-3, -3, 5)^{\mathrm{T}}$，$k$ 为任意常数.

★ 2. 由题设知 $\boldsymbol{\alpha}_1=\boldsymbol{\eta}_2-\boldsymbol{\eta}_1=(1, 2, -1, 2)^{\mathrm{T}}$，$\boldsymbol{\alpha}_2=\boldsymbol{\eta}_3-\boldsymbol{\eta}_1=(3, 6, -3, 9)^{\mathrm{T}}$ 是 $\boldsymbol{Ax}=\boldsymbol{0}$ 两个线性无关的解，因此 $\boldsymbol{Ax}=0$ 的通解为 $\boldsymbol{\alpha}=k_1\boldsymbol{\alpha}_1+k_2\boldsymbol{\alpha}_2$，因此可得方程组 $\boldsymbol{Ax}=\boldsymbol{b}$ 的通解为

$$\boldsymbol{X}=k_1\boldsymbol{\alpha}_1+k_2\boldsymbol{\alpha}_2+\boldsymbol{\eta}_1=k_1\begin{pmatrix}1\\2\\-1\\2\end{pmatrix}+k_2\begin{pmatrix}3\\6\\-3\\9\end{pmatrix}+\begin{pmatrix}1\\-1\\0\\2\end{pmatrix}, k_1, k_2 \text{ 为任意常数}$$

3. 首先，由题意知 $R(\boldsymbol{A}, \boldsymbol{\beta})=R(\boldsymbol{A})=3$，可知方程组 $\boldsymbol{Ax}=\boldsymbol{\beta}$ 有解. 由于 $\boldsymbol{A}=(\boldsymbol{\alpha}_1, \boldsymbol{\alpha}_2, \boldsymbol{\alpha}_3, \boldsymbol{\alpha}_4)$为 4 阶方阵，可知方程组 $\boldsymbol{Ax}=\boldsymbol{\beta}$ 未知数个数为 4，从而易得其导出组基础解系所包含线性无关向量个数为 1. 又 $\boldsymbol{\alpha}_4=\boldsymbol{\alpha}_1+\boldsymbol{\alpha}_2+\boldsymbol{\alpha}_3$，即得 $\boldsymbol{\alpha}_1+\boldsymbol{\alpha}_2+\boldsymbol{\alpha}_3-\boldsymbol{\alpha}_4=0$，所以 $\boldsymbol{\xi}=(1, 1, 1, -1)^{\mathrm{T}}$ 为导出组 $\boldsymbol{Ax}=\boldsymbol{0}$ 的一个基础解系. 由 $\boldsymbol{\beta}=\boldsymbol{\alpha}_1+\boldsymbol{\alpha}_2+\boldsymbol{\alpha}_3+\boldsymbol{\alpha}_4$ 知，$\boldsymbol{\eta}=(1, 1, 1, 1)^{\mathrm{T}}$ 为方程组 $\boldsymbol{Ax}=\boldsymbol{\beta}$ 的一个特解. 综上所述，方程组 $\boldsymbol{Ax}=\boldsymbol{\beta}$ 的通解为

$$x=\begin{pmatrix}1\\1\\1\\-1\end{pmatrix}+k\begin{pmatrix}1\\1\\1\\1\end{pmatrix}, k \text{ 为任意常数}$$

4. 充分性：由 $R(\boldsymbol{A})<n$，可知齐次齐次线性方程组 $\boldsymbol{AX}=\boldsymbol{0}$ 有非零解，记其某一非零解为 $\boldsymbol{b}_{n\times 1}$，则另 $\boldsymbol{B}=\boldsymbol{b}_{n\times 1}$，则充分性证毕.

必要性：由于存在 $n\times s$ 非零矩阵 $\boldsymbol{B}$，使 $\boldsymbol{AB}=\boldsymbol{0}$，从而可知齐次齐次线性方程组 $\boldsymbol{AX}=\boldsymbol{0}$ 有非零解，即有 $R(\boldsymbol{A})<n$，必要性证毕.

能力提升

1. $(a_{11}, a_{12}, a_{13}, a_{14})^{\mathrm{T}}$，$(a_{21}, a_{22}, a_{23}, a_{24})^{\mathrm{T}}$.

2. $\sum\limits_{i=1}^{n-1}k_i\alpha_i$，$\alpha_i$，$i=1, 2, \cdots, n-1$.

3. D　　4. C　　5. A

6. 设 $k_0\boldsymbol{\eta}_0+k_1\boldsymbol{\alpha}_1+\cdots+k_{n-r}\boldsymbol{\alpha}_{n-r}=\boldsymbol{0}$ 成立，则

$$\boldsymbol{A}(k_0\boldsymbol{\eta}_0+k_1\boldsymbol{\alpha}_1+\cdots+k_{n-r}\boldsymbol{\alpha}_{n-r})=\boldsymbol{0}$$

即

$$k_0\boldsymbol{A\eta}_0+k_1\boldsymbol{A\alpha}_1+\cdots+k_{n-r}\boldsymbol{A\alpha}_{n-r}=\boldsymbol{0}$$

又 $A\boldsymbol{\eta}_0=\boldsymbol{b}\neq\boldsymbol{0}$，$A\boldsymbol{\alpha}_1=\cdots=A\boldsymbol{\alpha}_{n-r}=\boldsymbol{0}$，所以 $k_0\boldsymbol{b}=0$，即有 $k_0=0$，从而得到$k_1\boldsymbol{\alpha}_1+\cdots+k_{n-r}\boldsymbol{\alpha}_{n-r}=\boldsymbol{0}$.

又 $\boldsymbol{\alpha}_1, \cdots, \boldsymbol{\alpha}_{n-r}$线性无关，故 $k_1=\cdots=k_{n-r}=0$，即 $k_0=k_1=\cdots=k_{n-r}=0$，所以 $\boldsymbol{\eta}_0, \boldsymbol{\alpha}_1, \cdots, \boldsymbol{\alpha}_{n-r}$线性无关.

7. 设 $\boldsymbol{A}=[\boldsymbol{\beta}_1, \boldsymbol{\beta}_2, \cdots, \boldsymbol{\beta}_n]$，$\boldsymbol{\beta}_j\boldsymbol{A}$ 的第 j 列向量. 由 $R(\boldsymbol{A})=(n-1)$知：基础解系中仅含 1 个解向量，且 $|\boldsymbol{A}|=0$. 因为 $\boldsymbol{AA}^*=|\boldsymbol{A}|\boldsymbol{E}=\boldsymbol{0}$，故 A 的伴随阵 $\boldsymbol{A}^*$ 的每一列都是方程组 $\boldsymbol{AX}=\boldsymbol{0}$ 的解.

即 n 维向量$(\boldsymbol{A}_{i1}, \boldsymbol{A}_{i2}, \cdots, \boldsymbol{A}_{in})^{\mathrm{T}}$，$i=1, \cdots, n$ 是方程组的解，其中任意一个非零向量可构成方程组的基础解系.

又因为 $A_{kj}\neq\mathbf{0}$，所以向量$(A_{k1}, A_{k2}, \cdots, A_{kj}, \cdots, A_{kn})^{T}$ 即为非零向量，可为基础解系.

8. (1)因为 $\boldsymbol{A\eta}_0=\boldsymbol{b}$，$\boldsymbol{A\eta}_i=\boldsymbol{A}\xi_0+\boldsymbol{A}\xi_i=\boldsymbol{b}+\mathbf{0}=\boldsymbol{b}(i=1, 2, \cdots, n)$，所以 $\boldsymbol{\eta}_0, \boldsymbol{\eta}_1, \cdots, \boldsymbol{\eta}_{n-r}$为 $\boldsymbol{AX}=\boldsymbol{b}$ 的解.

又设 $\lambda_0\boldsymbol{\eta}_0+\lambda_1\boldsymbol{\eta}_1+\cdots+\lambda_{n-r}\boldsymbol{\eta}_{n-r}=\mathbf{0}$，有$(\lambda_0+\lambda_1+\cdots+\lambda_{n-r})\xi_0+\lambda_1\boldsymbol{\xi}_1+\cdots+\lambda_{n-r}\boldsymbol{\xi}_{n-r}=\mathbf{0}$，两边左乘矩阵 $\boldsymbol{A}$ 得

$$(\lambda_0+\lambda_1+\cdots+\lambda_{n-r})A\xi_0+\lambda_1 A\boldsymbol{\xi}_1+\cdots+\lambda_{n-r}A\boldsymbol{\xi}_{n-r}=\mathbf{0}$$

又由于 $b\neq 0\Rightarrow\lambda_0+\lambda_1+\cdots+\lambda_{n-r}=0$ 从而 $\lambda_1\boldsymbol{\xi}_1+\cdots+\lambda_{n-r}\boldsymbol{\xi}_{n-r}=0$. 又因为 $\boldsymbol{\xi}_1+\cdots+\boldsymbol{\xi}_{n-r}=\mathbf{0}$ 线性无关，所以 $\lambda_1=\cdots=\lambda_{n-r}=0$，$\lambda_0=0$，所以 $\boldsymbol{\eta}_0, \boldsymbol{\eta}_1, \cdots, \boldsymbol{\eta}_{n-r}$线性无关.

(2)组合

$$\begin{aligned}&k_0\boldsymbol{\eta}_0+k_1\boldsymbol{\eta}_1+\cdots+k_{n-r}\boldsymbol{\eta}_{n-r}\\=&(k_0+k_2+\cdots+k_{n-r})\boldsymbol{\xi}_0+k_1\boldsymbol{\xi}_1+\cdots+k_{n-r}\boldsymbol{\xi}_{n-r}\\=&\boldsymbol{\xi}_0+k_1\boldsymbol{\xi}_1+\cdots+k_{n-r}\boldsymbol{\xi}_{n-r}\end{aligned}$$

又因为 $\boldsymbol{\xi}_1, \cdots, \boldsymbol{\xi}_{n-r}$为 $\boldsymbol{AX}=\mathbf{0}$ 基础解系，ξ_0 为 $\boldsymbol{AX}=\mathbf{0}$ 特解，由 $\boldsymbol{AX}=\mathbf{0}$ 通解结构可知：$k_0\boldsymbol{\eta}_0+k_1\boldsymbol{\eta}_1+\cdots+k_{n-r}\boldsymbol{\eta}_{n-r}=\boldsymbol{\xi}_0+k_1\boldsymbol{\xi}_1+\cdots+k_{n-r}\boldsymbol{\xi}_{n-r}$为通解.

第五章　相似矩阵及二次型

第二节　方阵的特征值与特征向量

基础训练

一、填空题

1. 特征值　　特征向量

2. 2，$\begin{pmatrix}1\\1\end{pmatrix}$　　3. -3　　4. 1，2，3

5. $\dfrac{1}{\lambda}$　　$\dfrac{|\boldsymbol{A}|}{\lambda}$　　6. $\lambda^2+2\lambda-3$

二、判断题

1. ×　　2. √　　3. √

三、选择题

1. C　　2. A　　3. B

四、计算题

1. (1)特征值：$\lambda_1=1$，$\lambda_2=2$，$\lambda_3=5$；

特征向量：$\boldsymbol{\xi}_1=k_1\begin{pmatrix}0\\-1\\1\end{pmatrix}$，$\boldsymbol{\xi}_2=k_2\begin{pmatrix}1\\0\\0\end{pmatrix}$，$\boldsymbol{\xi}_3=k_3\begin{pmatrix}0\\1\\1\end{pmatrix}$，其中 $k_i\neq 0(i=1, 2, 3)$.

(2) 特征值：$\lambda_1=0$，$\lambda_2=0$，$\lambda_3=4$；

特征向量：$\boldsymbol{\xi}_1=k_1\begin{pmatrix}2\\1\\0\end{pmatrix}$，$\boldsymbol{\xi}_2=k_2\begin{pmatrix}-3\\0\\1\end{pmatrix}$，$\boldsymbol{\xi}_3=k_3\begin{pmatrix}-1\\-1\\1\end{pmatrix}$，其中 $k_i\neq 0(i=1, 2, 3)$.

2. 因为 $|\boldsymbol{A}|=7$，$\boldsymbol{A}$ 的特征值：$\lambda_1=1$，$\lambda_2=1$，$\lambda_3=7$，所以 $\boldsymbol{A}^*$ 的特征值为：$\lambda_1=7$，$\lambda_2=7$，$\lambda_3=1$，$\boldsymbol{A}^*+2\boldsymbol{E}$ 的特征值为：$\lambda_1=9$，$\lambda_2=9$，$\lambda_3=3$，$|\boldsymbol{A}^*+2\boldsymbol{E}|=243$.

3. $a=1$，$b=6$；$\lambda_3=9$ 或 $a=\dfrac{26}{11}$，$b=\dfrac{7}{2}$； $\lambda_3=\dfrac{173}{22}$

★ 4. (1)设 $\boldsymbol{x}=(x_1, x_2, \cdots, x_n)$，$\boldsymbol{y}=(y_1, y_2, \cdots, y_n)$，则 $\boldsymbol{x}^{\mathrm{T}}\boldsymbol{y}=\sum\limits_{i=1}^{n}x_iy_i$，有

$$\boldsymbol{x}\boldsymbol{y}^{\mathrm{T}}=\begin{pmatrix}x_1y_1 & x_1y_2 & \cdots & x_1y_n\\ x_2y_1 & x_2y_2 & \cdots & x_2y_n\\ \vdots & \vdots & & \vdots\\ x_ny_1 & x_ny_2 & \cdots & x_ny_n\end{pmatrix}$$

设 λ_1，λ_2，$\cdots$，λ_n 是 $\boldsymbol{B}=\boldsymbol{x}\boldsymbol{y}^{\mathrm{T}}$ 的特征值，则 $\sum\limits_{i=1}^{n}\boldsymbol{\lambda}_i=\boldsymbol{x}^{\mathrm{T}}\boldsymbol{y}=3$. 因为 $\boldsymbol{x}$，$\boldsymbol{y}$ 都是第一个分量非零，所以 $R(\boldsymbol{x}\boldsymbol{y}^{\mathrm{T}})=1$，所以 $\lambda_1=3$，$\lambda_2=\cdots=\lambda_n=0$.

(2) 因为$(\boldsymbol{x}\boldsymbol{y}^{\mathrm{T}})\boldsymbol{x}=\boldsymbol{x}(\boldsymbol{y}^{\mathrm{T}}\boldsymbol{x})=3\boldsymbol{x}$，所以 $k_1\boldsymbol{x}$ 是 $\lambda_1=3$ 时的特征向量，有

$$(\boldsymbol{x}\boldsymbol{y}^{\mathrm{T}}-0\boldsymbol{E})=\begin{pmatrix}x_1y_1 & x_1y_2 & \cdots & x_1y_n\\ x_2y_1 & x_2y_2 & \cdots & x_2y_n\\ \vdots & \vdots & \vdots & \vdots\\ x_ny_1 & x_ny_2 & \cdots & x_ny_n\end{pmatrix}\sim\begin{pmatrix}1 & \dfrac{y_2}{y_1} & \cdots & \dfrac{y_n}{y_1}\\ 0 & 0 & \cdots & 0\\ \vdots & \vdots & \vdots & \vdots\\ 0 & 0 & \cdots & 0\end{pmatrix}$$

故 $\lambda_2=\cdots=\lambda_n=0$ 对应的特征向量为

$$\boldsymbol{\xi}_2=k_2\left(-\frac{y_2}{y_1}, 1, 0, \cdots, 0\right), \cdots, \boldsymbol{\xi}_n=k_n\left(-\frac{y_n}{y_1}, 0, 0, \cdots, 1\right)，其中\ k_i\neq 0(i=1, 2, \cdots, n).$$

能力提升

1. 1　　2. -1

3. (1)特征值 $\lambda_1=3$，$\lambda_2=0$，$\lambda_3=0$；

(2)特征向量：$\boldsymbol{\xi}=k_1(1, 1, 1)^{\mathrm{T}}$，$\boldsymbol{\alpha}_1=k_2(-1, 2, -1)^{\mathrm{T}}$，$\boldsymbol{\alpha}_2=k_3(0, -1, 1)^{\mathrm{T}}$，其中 $k_i\neq 0(i=1, 2, 3)$.

4. 因为 $|\boldsymbol{A}^{\mathrm{T}}-\lambda\boldsymbol{E}|=|(\boldsymbol{A}-\lambda\boldsymbol{E})^{\mathrm{T}}|=|\boldsymbol{A}-\lambda\boldsymbol{E}|$，所以 $\boldsymbol{A}^{\mathrm{T}}$ 和 $\boldsymbol{A}$ 的特征值相同.

5. (1)设 $\lambda\neq 0$ 为 $\boldsymbol{AB}$ 的特征值，$\boldsymbol{\alpha}$ 是对应的特征向量，即 $\boldsymbol{AB\alpha}=\lambda\boldsymbol{\alpha}$，则 $\boldsymbol{BA}(\boldsymbol{B\alpha})=\lambda(\boldsymbol{B\alpha})$，显然 $\boldsymbol{B\alpha}\neq\boldsymbol{0}$，所以 $\lambda\neq 0$ 也是 $\boldsymbol{BA}$ 的特征值. 同理可证，若 $\lambda\neq 0$ 为 $\boldsymbol{BA}$ 的特征值，则也是 $\boldsymbol{AB}$ 的特征值.

(2)若设 $\lambda=0$ 为 $\boldsymbol{AB}$ 的特征值，即 $|\boldsymbol{AB}|=0$，因为 $|\boldsymbol{BA}|=|\boldsymbol{AB}|=0$，所以 $\lambda=0$ 也是 $\boldsymbol{BA}$ 的特征值.

第四节　对称矩阵的对角化

基础训练

一、填空题

1. 实　　2. n

3. $\boldsymbol{P}^{-1}\boldsymbol{AP}=\boldsymbol{P}^{\mathrm{T}}\boldsymbol{AP}=\boldsymbol{\Lambda}$

4. 3　　5. $\boldsymbol{E}$

二、选择题

1. A　　2. C　　3. C

三、计算题

1. (1)设 $\lambda_2=\lambda_3=3$ 对应的特征向量为 $\boldsymbol{x}=(x_1, x_2, x_3)^{\mathrm{T}}$，则 $\boldsymbol{p}^{\mathrm{T}}\boldsymbol{x}=0$，解得

$$\boldsymbol{p}_1=(0, 1, -1)^{\mathrm{T}}, \quad \boldsymbol{p}_2=(-2, 1, 1)^{\mathrm{T}}$$

(2) 因为 $\boldsymbol{A}$ 是实对称矩阵，所以令 $\boldsymbol{P}=(\boldsymbol{p}, \boldsymbol{p}_2, \boldsymbol{p}_3)$，$\boldsymbol{\Lambda}=\begin{pmatrix}6&0&0\\0&3&0\\0&0&3\end{pmatrix}$，则

$$\boldsymbol{A}=\boldsymbol{P\Lambda P}^{-1}=\begin{pmatrix}4&1&1\\1&4&1\\1&1&4\end{pmatrix}$$

能力提升

1. B

2. (1)因为 $\boldsymbol{A}\begin{pmatrix}1&1\\0&0\\-1&1\end{pmatrix}=\begin{pmatrix}-1&1\\0&0\\1&1\end{pmatrix}$，所以 $\boldsymbol{A}\begin{pmatrix}1\\0\\-1\end{pmatrix}=\begin{pmatrix}-1\\0\\1\end{pmatrix}=-1\begin{pmatrix}1\\0\\-1\end{pmatrix}$，$\boldsymbol{A}\begin{pmatrix}1\\0\\1\end{pmatrix}=1\begin{pmatrix}1\\0\\1\end{pmatrix}$

因此，特征值 $\lambda_1=-1$，对应的特征向量为 $\boldsymbol{\eta}_1=k_1\begin{pmatrix}1\\0\\-1\end{pmatrix}$，$k_1\neq0$；

特征值 $\lambda_2=1$，对应的特征向量为 $\boldsymbol{\eta}_2=k_2\begin{pmatrix}1\\0\\1\end{pmatrix}$，$k_2\neq0$；

又 $\boldsymbol{R}(\boldsymbol{A})=2$，所以 $\lambda_3=0$ 是 $\boldsymbol{A}$ 的特征值. 设对应特征向量为 $\boldsymbol{\eta}_3$，则因为 $\boldsymbol{A}$ 为实对称矩阵，所以 $\boldsymbol{\eta}_1, \boldsymbol{\eta}_2, \boldsymbol{\eta}_3$ 两两正交，于是可得 $\boldsymbol{\eta}_3=k_3\begin{pmatrix}0\\1\\0\end{pmatrix}$，$k_3\neq0$.

(2) 因为 $\boldsymbol{A}$ 是实对称矩阵，所以令 $\boldsymbol{P}=(\boldsymbol{\eta}_1, \boldsymbol{\eta}_2, \boldsymbol{\eta}_3)$，$\boldsymbol{\Lambda}=\begin{pmatrix}-1&0&0\\0&1&0\\0&0&0\end{pmatrix}$，则

$$A=P\Lambda P^{-1}=\begin{pmatrix}0&0&1\\0&0&0\\1&0&0\end{pmatrix}$$

第六节　用配方法化二次型成标准形

基础训练

1. (1) $f(Cy)=y_1^2+y_2^2$，其中 $C=\begin{pmatrix}1&-1&1\\0&1&-2\\0&0&1\end{pmatrix}$.

(2) $f(Cy)=y_1^2+y_2^2-y_3^2$，其中 $C=\begin{pmatrix}1&-1&0\\1&1&-2\\0&0&1\end{pmatrix}$.

2. 由于没有平方项，先作可逆线性变换 $\begin{cases}x_1=y_1-y_2\\x_2=y_1+y_2\\x_3=y_3\end{cases}$，即 $\begin{pmatrix}x_1\\x_2\\x_3\end{pmatrix}=\begin{pmatrix}1&-1&0\\1&1&0\\0&0&1\end{pmatrix}\begin{pmatrix}y_1\\y_2\\y_3\end{pmatrix}$，

可得 $f=y_1^2-y_2^2+2y_1y_3-2y_2y_3$，再用配方法可得 $f=(y_1+y_3)^2-(y_2+y_3)^2$；令 $\begin{cases}z_1=y_1+y_3\\z_2=y_2+y_3\\z_3=y_3\end{cases}$ 即 $\begin{cases}y_1=z_1-z_3\\y_2=z_2-z_3\\y_3=z_3\end{cases}$，亦即 $\begin{pmatrix}y_1\\y_2\\y_3\end{pmatrix}=\begin{pmatrix}1&0&-1\\0&1&-1\\0&0&1\end{pmatrix}\begin{pmatrix}z_1\\z_2\\z_3\end{pmatrix}$ 可将二次型化为标准形：

$f=z_1^2-z_2^2$，所用变换矩阵为：$\begin{pmatrix}1&-1&0\\1&1&0\\0&0&1\end{pmatrix}\begin{pmatrix}1&0&-1\\0&1&-1\\0&0&1\end{pmatrix}=\begin{pmatrix}1&-1&0\\1&1&-2\\0&0&1\end{pmatrix}$

序号____________

B

工程数学习题册

（线性代数）

主　编　方晓峰　杨　萍
副主编　王亚林　刘素兵　吴聪伟　彭司萍

队别________　专业________　姓名________　学号________

西安电子科技大学出版社

内 容 简 介

本书主要由习题和参考答案两部分组成，涉及行列式、矩阵及其运算、矩阵的初等变换与线性方程组、向量组的线性相关性、相似矩阵及二次型等内容. 习题主要包括客观题和主观题，其中的重难点习题附有视频讲解，读者可通过手机扫描二维码学习相关知识.

本书分为 A、B 两册，A 册包含各章的奇数节内容，B 册包含各章的偶数节内容.

本书可作为高等院校非数学专业的本科生学习“线性代数”课程的同步练习用书，也可作为需要学习线性代数的科技工作者、准备考研的非数学专业的学生及其他读者的参考资料.

前　言

线性代数是高等教育工科类本科生必修的数学基础课程，该课程的基本概念、基本理论和基本方法与后续课程的学习有紧密联系，线性代数也是全国硕士研究生入学统一考试数学必考的主要内容.

为了让广大读者能更好地学习“线性代数”课程，我们组建了一支具有丰富大学数学教学经验、考研数学和数学竞赛辅导经验的骨干教师团队，依据大学数学课程教学大纲和全国硕士研究生入学统一考试大纲的要求，结合多年从教积累的经验和当前学生的学习特点，精心组织材料，系统归纳整理编写了本书，为读者学习线性代数提供同步训练和辅导，以加深其对线性代数重点、难点知识的消化和理解.

本书共分为五章：行列式、矩阵及其运算、矩阵的初等变换与线性方程组、向量组的线性相关性、相似矩阵及二次型，以 A、B 两册的形式安排，方便学生提交作业. A 册包含各章的奇数节内容，B 册包含各章的偶数节内容.

本书编写特点如下：

(1) 知识体系完整，题型全面. 本书以教学大纲知识点为基础，注重习题设计的多样性和丰富性，题型包括填空题、选择题、计算题和证明题. 习题由浅入深、由易到难，既注重基础知识的掌握，又拓展综合性内容，对进一步巩固和理解非常有用. 同时书后附有参考答案，可以满足学习者自检自测的需求.

(2) 面向需求，化一为二. 本书每章的习题包含基础训练和能力提升两个部分，满足不同层次学习者的需求，提高了学习效率。习题册按照每章的奇偶节分为 A 册和 B 册，极大地方便了师生交替性上交和批阅作业的需求.

(3) 轻轻扫一扫，问题全解决. 针对易于混淆的知识点和重点题型，精心录制了相应的微课视频，供读者随时学习、复习相关知识，使学生对重点题型的把握和书写规范等方面都有了最直接且深入的了解，提高了学生自主学习的积极性.

在编写过程中，我们借鉴和参考了若干国内优秀教材和练习册，在此对相关的作者表示衷心感谢！同时要感谢西安电子科技大学出版社的大力支持和帮助，特别感谢戚文艳编辑对本书出版的专业指导.

由于编者水平有限，书中定有疏漏和不足之处，恳请广大读者批评指正.

编　者

2021 年 10 月

目　　录

第一章　行　列　式

第二节　全排列和对换

基础训练

一、选择题

1. 下列是偶排列的为(　　).

A. 2341　　B. 2431　　C. 1432　　D. 2134

2. 在 1，2，3，⋯，n 的所有排列中，奇排列的个数为(　　).

A. $\dfrac{(n-1)!}{2}$　　B. $\dfrac{n!}{2}-1$　　C. $\dfrac{n!}{2}+1$　　D. $\dfrac{n!}{2}$

3. 排列 4213 经 k 次对换得到排列 3124，则 k 为(　　).

A. 偶数　　B. 奇数　　C. 奇偶性不确定　　D. 2

二、填空题

1. 排列 213 中的逆序为________.

2. 已知 $1375i2j$ 为数 1，2，3，4，5，6，7 形成的一个偶排列，则 i=____________，j=__________.

三、计算题

1. 计算排列 23541 的逆序数，并指出奇偶性.

2. 计算排列 $135\cdots(2n-1)246\cdots2n$ 的逆序数.

能力提升

1. 计算排列 $n(n-1)\cdots321$ 的逆序数，并讨论它的奇偶性.

2. 数 $1, 2, 3, \cdots, n$ 形成的排列哪个的逆序数最大，最大逆序数为多少？

第四节 行列式的性质

基础训练

一、填空题

1. 已知 $\begin{vmatrix} a_1 & a_2 & a_3 \\ b_1 & b_2 & b_3 \\ c_1 & c_2 & c_3 \end{vmatrix}=k$，则 $\begin{vmatrix} b_1 & b_2 & b_3 \\ c_1 & c_2 & c_3 \\ a_1 & a_2 & a_3 \end{vmatrix}=$____________.

2. 已知 $\begin{vmatrix} a & b & b \\ b & b & a \\ c & c & c \end{vmatrix}=m$，则 $\begin{vmatrix} b & 2(b-a) & a \\ a & 0 & b \\ c & 0 & c \end{vmatrix}=$____________.

3. 已知 $\begin{vmatrix} a_{11} & a_{12} \\ a_{21} & a_{22} \end{vmatrix}=a$，$\begin{vmatrix} a_{13} & a_{11} \\ a_{23} & a_{21} \end{vmatrix}=b$，则 $\begin{vmatrix} a_{11} & a_{12}+a_{13} \\ a_{21} & a_{22}+a_{23} \end{vmatrix}=$____________.

4. 若 $\begin{vmatrix} 1 & 3 & 1 \\ 2 & x & 2 \\ 3 & 9 & x \end{vmatrix}=0$，则 $x=$____________.

5. 四阶行列式 $\begin{vmatrix} 1 & -1 & 1 & x-1 \\ 1 & -1 & x+1 & -1 \\ 1 & x-1 & 1 & -1 \\ x+1 & -1 & 1 & -1 \end{vmatrix}=$____________.

6. n 行列式 $D_n=\begin{vmatrix} x_1y_1 & x_1y_2 & \cdots & x_1y_n \\ x_2y_1 & x_2y_2 & \cdots & x_2y_n \\ \vdots & \vdots & & \vdots \\ x_ny_1 & x_ny_2 & \cdots & x_ny_n \end{vmatrix}=$____________

二、计算题

1. 计算箭形行列式：

$$D_{n+1}=\begin{vmatrix} a_0 & b_1 & b_2 & \cdots & b_n \\ d_1 & a_1 & & & \\ d_2 & & a_2 & & \\ \vdots & & & \ddots & \\ d_n & & & & a_n \end{vmatrix}$$

其中 $a_i \neq 0$，$i=1, 2, \cdots, n$，空白处元素为零.

2. 计算下列行列式：

(1) $D_n=\begin{vmatrix} 1 & 2 & 3 & \cdots & n-1 & n \\ 2 & 1 & 2 & \cdots & n-2 & n-1 \\ 3 & 2 & 1 & \cdots & n-3 & n-2 \\ \vdots & \vdots & \vdots & & \vdots & \vdots \\ n-1 & n-2 & n-3 & \cdots & 1 & 2 \\ n & n-1 & n-2 & \cdots & 2 & 1 \end{vmatrix}$；

(2) $D_n=\begin{vmatrix} 1+a_1 & a_1 & \cdots & a_1 \\ a_2 & 1+a_2 & \cdots & a_2 \\ \vdots & \vdots & & \vdots \\ a_n & a_n & \cdots & 1+a_n \end{vmatrix}$.

★ 3. 计算 n 阶行列式 $D_n=\begin{vmatrix} k & \lambda & \lambda & \cdots & \lambda \\ \lambda & k & \lambda & \cdots & \lambda \\ \lambda & \lambda & k & \cdots & \lambda \\ \vdots & \vdots & \vdots & & \vdots \\ \lambda & \lambda & \lambda & \cdots & k \end{vmatrix}$.

三、证明题

1. 证明：$\begin{vmatrix} a^2 & (a+1)^2 & (a+2)^2 & (a+3)^2 \\ b^2 & (b+1)^2 & (b+2)^2 & (b+3)^2 \\ c^2 & (c+1)^2 & (c+2)^2 & (c+3)^2 \\ d^2 & (d+1)^2 & (d+2)^2 & (d+3)^2 \end{vmatrix}=0.$

★ 2. 证明：$D_3=\begin{vmatrix} ax+by & ay+bz & az+bx \\ ay+bz & az+bx & ax+by \\ az+bx & ax+by & ay+bz \end{vmatrix}=(a^3+b^3)\begin{vmatrix} x & y & z \\ y & z & x \\ z & x & y \end{vmatrix}.$

能力提升

★1. 设 x_1，x_2，x_3 是方程 $x^3+px+2=0$ 的三个根，则行列式 $\begin{vmatrix} x_1 & x_2 & x_3 \\ x_3 & x_1 & x_2 \\ x_2 & x_3 & x_1 \end{vmatrix}=$________.

2. 四阶行列式 $\begin{vmatrix} a & b & c & d \\ b & c & d & a \\ c & d & a & b \\ d & a & b & c \end{vmatrix}=$____________________.

★ 3. 计算 n 阶行列式 $D_n=\begin{vmatrix} \lambda & a & a & \cdots & a & a \\ b & \alpha & \beta & \cdots & \beta & \beta \\ b & \beta & \alpha & \cdots & \beta & \beta \\ \vdots & \vdots & \vdots & & \vdots & \vdots \\ b & \beta & \beta & \cdots & \alpha & \beta \\ b & \beta & \beta & \cdots & \beta & \alpha \end{vmatrix}$.

4. 证明：四阶行列式 $D_4=\begin{vmatrix}127 & 91 & 35 & 69\\ 77 & 133 & 251 & 17\\ 51 & 43 & 25 & 99\\ 13 & 155 & 87 & 71\end{vmatrix}$能被 8 整除.

第二章　矩阵及其运算

第二节　矩阵的运算

基础训练

一、选择题

1. 已知矩阵 $\boldsymbol{A}$，$\boldsymbol{B}$，$\boldsymbol{C}$ 满足 $\boldsymbol{AB}=\boldsymbol{AC}$，则下列结论正确的为（　　）.

A. $\boldsymbol{B}=\boldsymbol{C}$　　　　B. $(\boldsymbol{B}-\boldsymbol{C})\boldsymbol{A}=\boldsymbol{O}$

C. $\boldsymbol{A}^{\mathrm{T}}\boldsymbol{B}^{\mathrm{T}}=\boldsymbol{A}^{\mathrm{T}}\boldsymbol{C}^{\mathrm{T}}$　　　　D. $\boldsymbol{A}(\boldsymbol{B}-\boldsymbol{C})=\boldsymbol{O}$

2. 设 $\boldsymbol{A}$，$\boldsymbol{B}$ 为 $n(n\geqslant 2)$ 阶方阵，则必有（　　）.

A. $|\boldsymbol{A}+\boldsymbol{B}|=|\boldsymbol{A}|+|\boldsymbol{B}|$　　　　B. $|\boldsymbol{AB}|=|\boldsymbol{BA}|$

C. $\big||\boldsymbol{A}|\boldsymbol{B}\big|=\big||\boldsymbol{B}|\boldsymbol{A}\big|$　　　　D. $|(\boldsymbol{A}-\boldsymbol{B})^{\mathrm{T}}|=|\boldsymbol{B}-\boldsymbol{A}|$

二、填空题

1. 已知 $\boldsymbol{A}=\begin{pmatrix}1&0&1\\b&2&1\\2&0&a\end{pmatrix}$，且 $\boldsymbol{A}^{\mathrm{T}}=\begin{pmatrix}1&2&2\\0&c&0\\1&1&2\end{pmatrix}$ 则 $a=$____，$b=$____，$c=$____.

2. 若对于任意三维向量 $\boldsymbol{x}=(x_1, x_2, x_3)^{\mathrm{T}}$，有 $\boldsymbol{Ax}=\begin{pmatrix}x_1+x_2\\2x_1-x_3\end{pmatrix}$，则 $\boldsymbol{A}=$________.

3. 已知 $\boldsymbol{A}=\mathrm{diag}\left(\cos\dfrac{\pi}{3}, \sin\dfrac{\pi}{6}, \tan\dfrac{\pi}{4}\right)$，则 $\boldsymbol{A}^{18}=$____________，$|\boldsymbol{A}^{12}|=$__________.

4. 设矩阵 $\boldsymbol{A}=(a_{ij})_{m\times n}$，$\boldsymbol{B}=(1)_{1\times m}$，$\boldsymbol{C}=(1)_{n\times 1}$，则 $\boldsymbol{BA}=$______________，$\boldsymbol{AC}=$______________.

5. 已知 $\boldsymbol{A}=\begin{pmatrix}1&0&1\\0&2&0\\2&0&1\end{pmatrix}$，$\boldsymbol{A}^*$ 为 $\boldsymbol{A}$ 的伴随矩阵，则 $(\boldsymbol{A}^*\boldsymbol{A})^{10}=$______，$|\boldsymbol{A}^*|=$______.

★6. 设矩阵 $\boldsymbol{A}=(1, 2, 1)$，$B=(2, 1, 2)$，则 $\boldsymbol{A}^{\mathrm{T}}\boldsymbol{B}=$______________，$\boldsymbol{AB}^{\mathrm{T}}=$__________，$(\boldsymbol{A}^{\mathrm{T}}\boldsymbol{B})^k=$__________，$|\boldsymbol{A}^{\mathrm{T}}\boldsymbol{B}|=$__________，其中 $k\in\mathbf{N}_+$.

7. $(x_1, x_2, x_3)\begin{pmatrix} a_{11} & a_{12} & a_{13} \\ a_{12} & a_{22} & a_{23} \\ a_{13} & a_{23} & a_{33} \end{pmatrix}\begin{pmatrix} x_1 \\ x_2 \\ x_3 \end{pmatrix}=$____________________.

8. 已知 $\boldsymbol{A}=\begin{pmatrix} \cos\theta & -\sin\theta \\ \sin\theta & \cos\theta \end{pmatrix}$，则 $\boldsymbol{A}^n=$____________________，其中 $n\in\mathbf{N}$.

三、计算题

1. 已知 $\boldsymbol{E}$ 是 n 阶单位阵，$\boldsymbol{J}$ 是元素全为 1 的 n 阶矩阵，且 n 阶矩阵

$$\boldsymbol{M}=\begin{pmatrix} k & \lambda & \lambda & \cdots & \lambda \\ \lambda & k & \lambda & \cdots & \lambda \\ \vdots & \vdots & \vdots & & \vdots \\ \lambda & \lambda & \lambda & \cdots & k \end{pmatrix}$$

把 $\boldsymbol{M}$ 表示成 $x\boldsymbol{E}+y\boldsymbol{J}$ 的形式，其中 x，y 是待定系数.

2. 已知 $\boldsymbol{A}=\begin{pmatrix} a & b & c & d \\ -b & a & -d & c \\ -c & d & a & -b \\ -d & -c & b & a \end{pmatrix}$，求 $\boldsymbol{A}^{\mathrm{T}}\boldsymbol{A}$ 及 $|\boldsymbol{A}|$.

3. 设 $\boldsymbol{A}$，$\boldsymbol{B}$ 均为 n 阶矩阵. 如果 $\boldsymbol{A}^2=\boldsymbol{B}^2$，能否推出 $\boldsymbol{A}=\boldsymbol{B}$ 或 $\boldsymbol{A}=-\boldsymbol{B}$? 若能，证明结论；若不能，举出反例.

★ 4. 已知 $\boldsymbol{A}=\begin{pmatrix}\lambda & \mu \\ 0 & \lambda\end{pmatrix}$，求 $\boldsymbol{A}^n$，$n\in\mathbf{N}$.

四、证明题

1. 设 $\boldsymbol{A}$, $\boldsymbol{B}$ 均为 n 阶对称矩阵，证明：$\boldsymbol{AB}$ 为对称矩阵当且仅当 $\boldsymbol{AB}=\boldsymbol{BA}$.

2. 证明：n 阶对称矩阵 $\boldsymbol{A}$ 的第 i 行元素之和等于它的第 i 列元素之和，其中 $i=1, 2, \cdots, n$.

能力提升

1. 设 $\mathbf{A}=(a_{ij})$是三阶非零矩阵，A_{ij}为a_{ij}的代数余子式，若 $a_{ij}+A_{ij}=0$，其中i，$j=1$，2，3，则$|\mathbf{A}|=$__________.

★ 2. 已知 n 阶矩阵 $\mathbf{A}=\begin{pmatrix} 0 & 1 & 0 & \cdots & 0 \\ 0 & 0 & 1 & \cdots & 0 \\ \vdots & \vdots & \vdots & & \vdots \\ 0 & 0 & 0 & \cdots & 1 \\ 0 & 0 & 0 & \cdots & 0 \end{pmatrix}$，求 $\mathbf{A}^m$，其中 $m\in\mathbf{N}$.

3. 设 $\boldsymbol{A}=\begin{pmatrix} a_1 & & & \\ & a_2 & & \\ & & \ddots & \\ & & & a_n \end{pmatrix}$, $\boldsymbol{B}=\begin{pmatrix} a_1-1 & & & \\ & a_2-1 & & \\ & & \ddots & \\ & & & a_n-1 \end{pmatrix}$, $\boldsymbol{C}=\sum_{k=0}^{m}\boldsymbol{A}^k$, 求 $\boldsymbol{CB}$.

4. 证明 $n(n\in\mathbf{N}_+)$阶行列式

$$D_n=\begin{vmatrix}\sin 2\alpha_1 & \sin(\alpha_1+\alpha_2) & \sin(\alpha_1+\alpha_3) & \cdots & \sin(\alpha_1+\alpha_n)\\ \sin(\alpha_2+\alpha_1) & \sin 2\alpha_2 & \sin(\alpha_2+\alpha_3) & \cdots & \sin(\alpha_2+\alpha_n)\\ \sin(\alpha_3+\alpha_1) & \sin(\alpha_3+\alpha_2) & \sin 2\alpha_3 & \cdots & \sin(\alpha_3+\alpha_n)\\ \vdots & \vdots & \vdots & & \vdots\\ \sin(\alpha_n+\alpha_1) & \sin(\alpha_n+\alpha_2) & \sin(\alpha_n+\alpha_3) & \cdots & \sin 2\alpha_n\end{vmatrix}$$

$$=\begin{cases}\sin 2\alpha_1, & n=1\\ -\sin^2(\alpha_1-\alpha_2), & n=2\\ 0, & n\geqslant 3\end{cases}$$

第四节 克拉默法则

基础训练

一、填空题

1. 设线性方程组$\begin{cases} ax_1+x_2+x_3=1 \\ bx_1+x_2-x_3=1 \\ cx_1+x_2-x_3=2 \end{cases}$有唯一解$\begin{pmatrix} 1 \\ 0 \\ 0 \end{pmatrix}$，则$\begin{vmatrix} a & 1 & 1 \\ b & 1 & -1 \\ c & 1 & -1 \end{vmatrix}=$__________.

2. 设 $\boldsymbol{A}$ 是一个三阶方阵，$\boldsymbol{b}$ 是一个三维列向量，$\boldsymbol{A}_j(\boldsymbol{b})$表示用 $\boldsymbol{b}$ 替换 $\boldsymbol{A}$ 的第 j 列得到的新矩阵，且 $|\boldsymbol{A}|=2$，$|\boldsymbol{A}_j(\boldsymbol{b})|=j$，其中 $j=1，2，3$，则线性方程组 $\boldsymbol{Ax}=\boldsymbol{b}$ 的解 $(x_1，x_2，x_3)^{\mathrm{T}}=$__________.

二、计算题

1. 利用克拉默法则求线性方程组$\begin{cases} x_1+2x_2+3x_3=2 \\ 2x_1+2x_2+5x_3=4 \\ 3x_1+5x_2+x_3=6 \end{cases}$的解.

2. 设四阶矩阵 $\boldsymbol{A}=\begin{pmatrix}1 & 1 & 1 & 1\\ a_1 & a_2 & a_3 & a_4\\ a_1^2 & a_2^2 & a_3^2 & a_4^2\\ a_1^3 & a_2^3 & a_3^3 & a_4^3\end{pmatrix}$，$\boldsymbol{x}=\begin{pmatrix}x_1\\ x_2\\ x_3\\ x_4\end{pmatrix}$，$\boldsymbol{b}=\begin{pmatrix}1\\ 1\\ 1\\ 1\end{pmatrix}$，其中 a_1，a_2，a_3，a_4 为互不相同的 4 个数，求非齐次线性方程组 $\boldsymbol{A}^{\mathrm{T}}\boldsymbol{x}=\boldsymbol{b}$ 的解.

能力提升

★ 1. 设 $a^2\neq b^2$，试求方程组

$$\begin{cases} ax_1+bx_{2n}=1 \\ ax_2+bx_{2n-1}=1 \\ \vdots \\ ax_n+bx_{n+1}=1 \\ bx_n+ax_{n+1}=1 \\ bx_{n-1}+ax_{n+2}=1 \\ \vdots \\ bx_1+ax_{2n}=1 \end{cases}$$

的解.

2. 设 $x_0, x_1, \cdots, x_n$ 为 $n+1$ 个不同的数，$y_0, y_1, \cdots, y_n$ 为任意 $n+1$ 个数，证明：存在唯一的 n 次多项式多项式 $f(x)=a_0+a_1x+\cdots+a_nx^n$，使得 $f(x_i)=y_i$，$i=0,1,\cdots,n$.

3. 设水银密度 h(单位：g/cm^3)与温度 t(单位：℃)的关系为

$$h(t)=a_0+a_1t+a_2t^2+a_3t^3$$

由实验测定得以下数据：

t	0	10	20	30
h	13.60	13.57	13.55	13.52

试求 $t=15$ 时水银的密度(最终结果精确到小数点后两位).

第三章　矩阵的初等变换与线性方程组

第二节　矩 阵 的 秩

基础训练

一、判断题

1. 矩阵 $\boldsymbol{A}$ 的秩为 r，则 $\boldsymbol{A}$ 的所有 r 阶子式都不为零.　(　　)
2. 矩阵 $\boldsymbol{A}$ 的秩为 r，则 $\boldsymbol{A}$ 的所有 $r+1$ 阶子式均为零.　(　　)
3. 等价矩阵具有相同的秩，秩相同的矩阵也一定等价.　(　　)
4. 矩阵的初等变换不改变矩阵的秩.　(　　)
5. 若矩阵 $\boldsymbol{A}$ 经转置运算后，则 $R(\boldsymbol{A})=R(\boldsymbol{A}^{\mathrm{T}})$.　(　　)
6. 零矩阵的秩为零.　(　　)

二、填空题

1. 设 $\boldsymbol{A}$ 为 $m\times n$ 矩阵($m<n$)，当 $\boldsymbol{A}$ 中非零子式的最高阶数是________时，$R(\boldsymbol{A})=r$，其中 $r\leqslant$________.

2. 设 $\boldsymbol{A}$ 为 3×4 的矩阵，且 $\boldsymbol{A}$ 有一个 3 阶子式不等于 0，则 $R(\boldsymbol{A})=$________.

3. 设 $\boldsymbol{A}$ 是 3×3 的矩阵，$R(\boldsymbol{A})=2$，则 $R(\boldsymbol{A}^{*})=$________.

4. 设 $\boldsymbol{A}$ 是 4×3 的矩阵，且 $R(\boldsymbol{A})=2$，若 $\boldsymbol{B}=\begin{pmatrix}1&0&2\\0&2&0\\-1&0&3\end{pmatrix}$，则 $R(\boldsymbol{AB})=$________.

★5. 若 $\boldsymbol{A}=\begin{pmatrix}1&0&1\\2&2&3\\1&3&t\end{pmatrix}$，且 $R(\boldsymbol{A})=3$，则 $t\neq$________.

三、选择题

1. 若矩阵 $\boldsymbol{A}$ 的秩为 r，只需条件(　　)满足即可.

A. $\boldsymbol{A}$ 中有 r 阶子式不为零　　　B. $\boldsymbol{A}$ 中任何 $r+1$ 阶子式为零

C. $\boldsymbol{A}$ 中非零子式的阶数小于等于 r　　　D. $\boldsymbol{A}$ 中非零子式的最高阶数等于 r

2. 设$\boldsymbol{A}$为3阶方阵，且$R(\boldsymbol{A})=2$，则(　　)正确.

A. $\boldsymbol{A}$中任意2阶子式均不为零

B. $\boldsymbol{A}$中至少有一个2阶子式不为零

C. $\boldsymbol{A}$的行最简形矩阵必为$\begin{pmatrix}1&0&0\\0&1&0\\0&0&0\end{pmatrix}$

D. $\boldsymbol{A}$中有两行元素成比例

3. 若n阶矩阵$\boldsymbol{A}$的秩为r，则(　　)正确.

A. $|\boldsymbol{A}|\neq 0$

B. $|\boldsymbol{A}|=0$

C. $r>n$

D. $r\leqslant n$

4. 若从矩阵$\boldsymbol{A}$中划去一行得到矩阵$\boldsymbol{B}$，则$\boldsymbol{A}$，$\boldsymbol{B}$的秩的关系为(　　).

A. $R(\boldsymbol{A})-1\leqslant R(\boldsymbol{B})\leqslant R(\boldsymbol{A})$

B. $R(\boldsymbol{A})-1\leqslant R(\boldsymbol{B})\leqslant R(\boldsymbol{A})+1$

C. $R(\boldsymbol{A})\leqslant R(\boldsymbol{B})\leqslant R(\boldsymbol{A})+1$

D. $R(\boldsymbol{A})=R(\boldsymbol{B})$

5. 设$\boldsymbol{A}$为$m\times n$的矩阵，$\boldsymbol{B}$为n阶可逆矩阵，$R(\boldsymbol{A})=r$，若矩阵$\boldsymbol{C}=\boldsymbol{AB}$的秩为$r_1$，则(　　).

A. $r=r_1$

B. $r>r_1$

C. $r<r_1$

D. r，r_1关系依B而定

★6. 已知$\boldsymbol{Q}=\begin{pmatrix}1&2&3\\2&4&t\\3&6&9\end{pmatrix}$，$\boldsymbol{P}$为3阶非零矩阵，且满足$\boldsymbol{PQ}=\boldsymbol{O}$，则(　　).

A. $t=6$时，$\boldsymbol{P}$的秩必为1

B. $t=6$时，$\boldsymbol{P}$的秩必为2

C. $t\neq 6$时，$\boldsymbol{P}$的秩必为1

D. $t\neq 6$时，$\boldsymbol{P}$的秩必为2

四、计算题

1. 求矩阵$\boldsymbol{A}=\begin{pmatrix}1&2&3\\0&1&5\\-1&-2&-4\end{pmatrix}$的秩.

★ 2. 设 $\boldsymbol{A}=\begin{pmatrix} 1 & -2 & 3k \\ -1 & 2k & -3 \\ k & -2 & 3 \end{pmatrix}$，问 k 为何值，可使

(1) $R(\boldsymbol{A})=1$；

(2) $R(\boldsymbol{A})=2$；

(3) $R(\boldsymbol{A})=3$.

3. 已知 $\boldsymbol{P}=\begin{pmatrix}0&0&1\\0&1&0\\1&0&0\end{pmatrix}$, $\boldsymbol{PA}=\begin{pmatrix}1&2&0&5\\1&-2&3&6\\2&0&1&5\end{pmatrix}$, 求 $\boldsymbol{A}$ 的秩.

能力提升

1. 设 $\boldsymbol{A}$，$\boldsymbol{B}$ 为 n 阶等价矩阵，则下列各式成立的是(　　).

A. $R(\boldsymbol{A}-\boldsymbol{B})=0$　　B. $R(\boldsymbol{A}+\boldsymbol{B})=2R(\boldsymbol{A})$

C. $R(\boldsymbol{A})-R(\boldsymbol{B})=0$　　D. $R(\boldsymbol{AB})=R(\boldsymbol{A})R(\boldsymbol{B})$

2. 设 3 阶矩阵 $\boldsymbol{A}=\begin{pmatrix} a & b & b \\ b & a & b \\ b & b & a \end{pmatrix}$，其中 $b\neq0$，已知 $\boldsymbol{A}$ 的伴随矩阵 $\boldsymbol{A}^*$ 的秩为 $R(\boldsymbol{A}^*)=1$，则 a，b 应满足(　　).

A. $a=b$　　B. $a=-2b$　　C. $a=0$　　D. $a=2b$

★ 3. 设 $\boldsymbol{A}=\begin{pmatrix} a_1b_1 & a_1b_2 & \cdots & a_1b_n \\ a_2b_1 & a_2b_2 & \cdots & a_2b_n \\ \vdots & \vdots & & \vdots \\ a_nb_1 & a_nb_2 & \cdots & a_nb_n \end{pmatrix}$，且 $a_i\neq0$，$b_i\neq0(i=1, 2, \cdots, n)$，则 $R(\boldsymbol{A})=$(　　).

A. 1　　B. 2　　C. n　　D. 0

4. 设 $\boldsymbol{A}$ 为 $m\times n$ 矩阵，$\boldsymbol{B}$ 为 $n\times m$ 阶矩阵，$\boldsymbol{E}$ 为单位阵，若 $\boldsymbol{AB}=\boldsymbol{E}$，则(　　).

A. $R(\boldsymbol{A})=m$，$R(\boldsymbol{B})=m$　　B. $R(\boldsymbol{A})=m$，$R(\boldsymbol{B})=n$

C. $R(\boldsymbol{A})=n$，$R(\boldsymbol{B})=m$　　D. $R(\boldsymbol{A})=n$，$R(\boldsymbol{B})=n$

★ 5. 设 $\boldsymbol{A}=\begin{pmatrix} 1 & 2 & -2 \\ 4 & t & 3 \\ -1 & 0 & 3 \end{pmatrix}$，$\boldsymbol{B}$ 为 3 阶非零矩阵，且满足 $\boldsymbol{AB}=\boldsymbol{O}$，求参数 t.

6. 确定 λ 的值，使矩阵 $\begin{pmatrix} 1 & \lambda & -1 & 2 \\ 2 & -1 & \lambda & 5 \\ 1 & 10 & -6 & 1 \end{pmatrix}$ 的秩最小.

第四章　向量组的线性相关性

第二节　向量组的线性相关性

基础训练

一、填空题

1. 设 $\boldsymbol{\alpha}_1=(2,-1,0,5)$，$\boldsymbol{\alpha}_2=(-4,-2,3,0)$，$\boldsymbol{\alpha}_3=(-1,0,1,k)$，$\boldsymbol{\alpha}_4=(-1,0,2,1)$，则 $k=$__________时，$\boldsymbol{\alpha}_1$，$\boldsymbol{\alpha}_2$，$\boldsymbol{\alpha}_3$，$\boldsymbol{\alpha}_4$ 线性相关.

2. 已知向量组 $\boldsymbol{\alpha}_1=(1,2,3)$，$\boldsymbol{\alpha}_2=(1,2,0)$，$\boldsymbol{\alpha}_3=(t,1,-2)$线性相关，则实数 $t=$__________.

3. 如果向量组 $\boldsymbol{\alpha}=(1,2,3)$，$\boldsymbol{\beta}=(3,-1,2)$，$\boldsymbol{\gamma}=(2,3,m)$线性相关，则 $m=$__________.

4. 设 $\boldsymbol{\alpha}_1=(2,-1,3)^{\mathrm{T}}$，$\boldsymbol{\alpha}_2=(1,2,0)^{\mathrm{T}}$，$\boldsymbol{\alpha}_3=(0,t,3)^{\mathrm{T}}$，则 $t\neq$__________时，$\boldsymbol{\alpha}_1$，$\boldsymbol{\alpha}_2$，$\boldsymbol{\alpha}_3$ 线性无关.

5. 若 $R(\boldsymbol{\alpha}_1,\boldsymbol{\alpha}_2,\boldsymbol{\alpha}_3,\boldsymbol{\alpha}_4)=4$，则向量组 $\boldsymbol{\alpha}_1$，$\boldsymbol{\alpha}_2$，$\boldsymbol{\alpha}_3$ 线性__________.

6. 若一向量组有两个最大线性无关组，则该向量组线性__________.

7. 已知 $\boldsymbol{\alpha}_1$，$\boldsymbol{\alpha}_2$，$\boldsymbol{\alpha}_3$ 线性相关，$\boldsymbol{\alpha}_3$ 不能由 $\boldsymbol{\alpha}_1$，$\boldsymbol{\alpha}_2$ 线性表示则 $\boldsymbol{\alpha}_1$，$\boldsymbol{\alpha}_2$ 线性__________.

8. 设 $\boldsymbol{\beta}$，$\boldsymbol{\alpha}_1$，$\boldsymbol{\alpha}_2$ 线性相关，$\boldsymbol{\beta}$，$\boldsymbol{\alpha}_2$，$\boldsymbol{\alpha}_3$ 线性无关，则 $\boldsymbol{\beta}$，$\boldsymbol{\alpha}_1$，$\boldsymbol{\alpha}_2$，$\boldsymbol{\alpha}_3$ 线性__________.

9. 设 $\boldsymbol{\alpha}_1=(1,2,3,4)$，$\boldsymbol{\alpha}_2=(-1,1,1,7)$，$\boldsymbol{\alpha}_3=(0,3,2,9)$，则向量组 $\boldsymbol{\alpha}_1$，$\boldsymbol{\alpha}_2$，$\boldsymbol{\alpha}_3$ 线性__________.

二、选择题

1. 已知向量组 $\boldsymbol{a}_1=(1,1,1,0)$，$\boldsymbol{a}_2=(0,k,0,1)$，$\boldsymbol{a}_3=(2,2,0,1)$，$\boldsymbol{a}_4=(0,0,2,1)$线性相关，则 k 为(　　).

A. -1　　　　B. -2

C. 0　　　　D. 1

2. 向量组 $\boldsymbol{a}_1$，$\boldsymbol{a}_2$，$\cdots$，$\boldsymbol{a}_s$ 线性相关的充要条件为(　　).

A. $\boldsymbol{a}_1$，$\boldsymbol{a}_2$，$\cdots$，$\boldsymbol{a}_s$ 中含有零向量

B. $\boldsymbol{a}_1$，$\boldsymbol{a}_2$，$\cdots$，$\boldsymbol{a}_s$ 中有两个向量的对应分量成比例

C. $\boldsymbol{a}_1$, $\boldsymbol{a}_2$, …, $\boldsymbol{a}_s$ 中每一个向量都可用其余 $s-1$ 个向量线性表示

D. $\boldsymbol{a}_1$, $\boldsymbol{a}_2$, …, $\boldsymbol{a}_s$ 中至少有一个向量可由其余 $s-1$ 个向量线性表示

3. 若向量组 $\boldsymbol{\alpha}_1$, $\boldsymbol{\alpha}_2$, …, $\boldsymbol{\alpha}_m$ 线性无关，则向量组 $\boldsymbol{\beta}_1$, $\boldsymbol{\beta}_2$, …, $\boldsymbol{\beta}_m$ 线性无关的充分必要条件是(　　).

A. 向量组 $\boldsymbol{\alpha}_1$, $\boldsymbol{\alpha}_2$, …, $\boldsymbol{\alpha}_m$ 可由向量组 $\boldsymbol{\beta}_1$, $\boldsymbol{\beta}_2$, …, $\boldsymbol{\beta}_m$ 线性表示

B. 向量组 $\boldsymbol{\beta}_1$, $\boldsymbol{\beta}_2$, …, $\boldsymbol{\beta}_m$ 可由向量组 $\boldsymbol{\alpha}_1$, $\boldsymbol{\alpha}_2$, …, $\boldsymbol{\alpha}_m$ 线性表示

C. 向量组 $\boldsymbol{\alpha}_1$, $\boldsymbol{\alpha}_2$, …, $\boldsymbol{\alpha}_m$ 与向量组 $\boldsymbol{\beta}_1$, $\boldsymbol{\beta}_2$, …, $\boldsymbol{\beta}_m$ 等价

D. 向量组 $\boldsymbol{\alpha}_1$, $\boldsymbol{\alpha}_2$, …, $\boldsymbol{\alpha}_m$ 与向量组 $\boldsymbol{\beta}_1$, $\boldsymbol{\beta}_2$, …, $\boldsymbol{\beta}_m$ 的秩相等

4. 设向量组 $\boldsymbol{\alpha}_1$, $\boldsymbol{\alpha}_2$, $\boldsymbol{\alpha}_3$ 线性无关，则下列向量组中线性无关的是(　　).

A. $\boldsymbol{\alpha}_1+\boldsymbol{\alpha}_2$, $\boldsymbol{\alpha}_2+\boldsymbol{\alpha}_3$, $\boldsymbol{\alpha}_3-\boldsymbol{\alpha}_1$

B. $\boldsymbol{\alpha}_1+\boldsymbol{\alpha}_2$, $\boldsymbol{\alpha}_2+\boldsymbol{\alpha}_3$, $\boldsymbol{\alpha}_1+2\boldsymbol{\alpha}_2+\boldsymbol{\alpha}_3$

C. $\boldsymbol{\alpha}_1+2\boldsymbol{\alpha}_2$, $2\boldsymbol{\alpha}_2+3\boldsymbol{\alpha}_3$, $3\boldsymbol{\alpha}_3+\boldsymbol{\alpha}_1$

D. $\boldsymbol{\alpha}_1+\boldsymbol{\alpha}_2+\boldsymbol{\alpha}_3$, $2\boldsymbol{\alpha}_1-3\boldsymbol{\alpha}_2+22\boldsymbol{\alpha}_3$, $3\boldsymbol{\alpha}_1+5\boldsymbol{\alpha}_2-5\boldsymbol{\alpha}_3$

5. 向量组 $\boldsymbol{\beta}_1$, $\boldsymbol{\beta}_2$, …, $\boldsymbol{\beta}_t$ 可由 $\boldsymbol{\alpha}_1$, $\boldsymbol{\alpha}_2$, …, $\boldsymbol{\alpha}_s$ 线性表示，且 $\boldsymbol{\beta}_1$, $\boldsymbol{\beta}_2$, …, $\boldsymbol{\beta}_t$ 线性无关，则 s 与 t 的关系为(　　).

A. $s=t$　　　　B. $s>t$

C. $s<t$　　　　D. $s\geqslant t$

三、证明题

★ 1. 设 $\boldsymbol{\alpha}_1$ 是任意一个非零的 4 维向量，$\boldsymbol{\alpha}_2=(2, 1, 0, 0)^{\mathrm{T}}$, $\boldsymbol{\alpha}_3=(4, 1, 4, 0)^{\mathrm{T}}$, $\boldsymbol{\alpha}_4=(1, 0, 2, 0)^{\mathrm{T}}$. 若向量组 $\boldsymbol{\beta}_1$, $\boldsymbol{\beta}_2$, $\boldsymbol{\beta}_3$, $\boldsymbol{\beta}_4$ 可由向量组 $\boldsymbol{\alpha}_1$, $\boldsymbol{\alpha}_2$, $\boldsymbol{\alpha}_3$, $\boldsymbol{\alpha}_4$ 线性表示，试证向量组 $\boldsymbol{\beta}_1$, $\boldsymbol{\beta}_2$, $\boldsymbol{\beta}_3$, $\boldsymbol{\beta}_4$ 线性相关.

★ 2. 设 $\boldsymbol{\beta}_1=\boldsymbol{\alpha}_1$，$\boldsymbol{\beta}_2=\boldsymbol{\alpha}_1+\boldsymbol{\alpha}_2$，…，$\boldsymbol{\beta}_n=\boldsymbol{\alpha}_1+\cdots+\boldsymbol{\alpha}_n$ 且 $\boldsymbol{\alpha}_1$，$\boldsymbol{\alpha}_2$，…，$\boldsymbol{\alpha}_n$ 线性无关，证明：$\boldsymbol{\beta}_1$，$\boldsymbol{\beta}_2$，…，$\boldsymbol{\beta}_n$ 线性无关.

3. 设 $\boldsymbol{\alpha}_1$，$\boldsymbol{\alpha}_2$，$\boldsymbol{\alpha}_3$ 是三个 n 维向量，又 $\boldsymbol{\beta}_1=\boldsymbol{\alpha}_1+\boldsymbol{\alpha}_2$，$\boldsymbol{\beta}_2=\boldsymbol{\alpha}_2+\boldsymbol{\alpha}_3$，$\boldsymbol{\beta}_3=\boldsymbol{\alpha}_3+\boldsymbol{\alpha}_1$，证明：$\boldsymbol{\alpha}_1$，$\boldsymbol{\alpha}_2$，$\boldsymbol{\alpha}_3$ 线性无关的充分必要条件是 $\boldsymbol{\beta}_1$，$\boldsymbol{\beta}_2$，$\boldsymbol{\beta}_3$ 线性无关.

★ 4. 设向量组 $\boldsymbol{\alpha}_1$，$\boldsymbol{\alpha}_2$，$\boldsymbol{\alpha}_3$，$\boldsymbol{\alpha}_4$ 线性无关，且

$$\boldsymbol{\alpha}_1=\boldsymbol{\beta}_1-\boldsymbol{\beta}_2-\boldsymbol{\beta}_3-\boldsymbol{\beta}_4,\quad \boldsymbol{\alpha}_2=-\boldsymbol{\beta}_1+\boldsymbol{\beta}_2-\boldsymbol{\beta}_3-\boldsymbol{\beta}_4$$

$$\boldsymbol{\alpha}_3=-\boldsymbol{\beta}_1-\boldsymbol{\beta}_2+\boldsymbol{\beta}_3-\boldsymbol{\beta}_4,\quad \boldsymbol{\alpha}_4=-\boldsymbol{\beta}_1-\boldsymbol{\beta}_2-\boldsymbol{\beta}_3+\boldsymbol{\beta}_4$$

证明向量组 $\boldsymbol{\beta}_1$，$\boldsymbol{\beta}_2$，$\boldsymbol{\beta}_3$，$\boldsymbol{\beta}_4$ 线性无关.

能力提升

1. 设 $\boldsymbol{\alpha}_1=(1,\ 1,\ 1)$，$\boldsymbol{\alpha}_2=(a,\ 0,\ b)$，$\boldsymbol{\alpha}_3=(1,\ 3,\ 2)$线性相关，则 a，b 满足关系式__________.

2. 设 $\boldsymbol{A}=\begin{pmatrix}1&2&-2\\2&1&2\\3&0&4\end{pmatrix}$，$\boldsymbol{\alpha}=\begin{pmatrix}a\\1\\1\end{pmatrix}$，已知向量 $\boldsymbol{A\alpha}$ 与 $\boldsymbol{\alpha}$ 线性相关，则 $a=$__________.

3. 设向量组 $\boldsymbol{\alpha}_1=\left(\lambda,\ -\frac{1}{2},\ -\frac{1}{2}\right)$，$\boldsymbol{\alpha}_2=\left(-\frac{1}{2},\ \lambda,\ -\frac{1}{2}\right)$，$\boldsymbol{\alpha}_1=\left(-\frac{1}{2},\ -\frac{1}{2},\ \lambda\right)$ 线性相关，则 $\lambda=$__________.

4. 设向量组 $\boldsymbol{\alpha}_1$，$\boldsymbol{\alpha}_2$，…，$\boldsymbol{\alpha}_s(s\geqslant 2)$线性无关，且可由向量组 $\boldsymbol{\beta}_1$，$\boldsymbol{\beta}_2$，…，$\boldsymbol{\beta}_s$ 线性表示，则以下结论中不能成立的是(　　).

A. 向量组 $\boldsymbol{\beta}_1$，$\boldsymbol{\beta}_2$，…，$\boldsymbol{\beta}_s$ 线性无关

B. 对任一个 $\boldsymbol{\alpha}_j$，向量组 $\boldsymbol{\alpha}_j$，$\boldsymbol{\beta}_2$，…，$\boldsymbol{\beta}_s$ 线性相关

C. 存在一个 $\boldsymbol{\alpha}_j$，向量组 $\boldsymbol{\alpha}_j$，$\boldsymbol{\beta}_2$，…，$\boldsymbol{\beta}_s$ 线性无关

D. 向量组 $\boldsymbol{\alpha}_1$，$\boldsymbol{\alpha}_2$，…，$\boldsymbol{\alpha}_s$ 与向量组 $\boldsymbol{\beta}_1$，$\boldsymbol{\beta}_2$，…，$\boldsymbol{\beta}_s$ 等价

5. 设矩阵 $\boldsymbol{A}_{m\times n}$的秩 $R(\boldsymbol{A})=m<n$，$\boldsymbol{P}$ 为 n 阶可逆矩阵，下列结论中正确的是(　　).

A. $\boldsymbol{A}$ 的任意 m 个列向量线性无关　　B. $\boldsymbol{A}$ 的任意 m 阶子式不等于零

C. $R(\boldsymbol{PA})=R(\boldsymbol{A})$　　D. 存在 $m+1$ 个列向量线性无关

6. 设 $\boldsymbol{\alpha}_1$，$\boldsymbol{\alpha}_2$，…，$\boldsymbol{\alpha}_s$ 为 n 维列向量组，矩阵 $\boldsymbol{A}=(a_{ij})_{m\times n}$，下列选项中正确的是(　　).

A. 若 $\boldsymbol{\alpha}_1$，$\boldsymbol{\alpha}_2$，…，$\boldsymbol{\alpha}_s$ 线性相关，则 $\boldsymbol{A\alpha}_1$，$\boldsymbol{A\alpha}_2$，…，$\boldsymbol{A\alpha}_s$ 线性无关

B. 若 $\boldsymbol{\alpha}_1$，$\boldsymbol{\alpha}_2$，…，$\boldsymbol{\alpha}_s$ 线性相关，则 $\boldsymbol{A\alpha}_1$，$\boldsymbol{A\alpha}_2$，…，$\boldsymbol{A\alpha}_s$ 线性相关

C. 若 $\boldsymbol{\alpha}_1$，$\boldsymbol{\alpha}_2$，…，$\boldsymbol{\alpha}_s$ 线性无关，则 $\boldsymbol{A\alpha}_1$，$\boldsymbol{A\alpha}_2$，…，$\boldsymbol{A\alpha}_s$ 线性无关

D. 若 $\boldsymbol{\alpha}_1$，$\boldsymbol{\alpha}_2$，…，$\boldsymbol{\alpha}_s$ 线性无关，则 $\boldsymbol{A\alpha}_1$，$\boldsymbol{A\alpha}_2$，…，$\boldsymbol{A\alpha}_s$ 线性相关

7. 设向量组 $\boldsymbol{\alpha}_1$，$\boldsymbol{\alpha}_2$，$\boldsymbol{\alpha}_3$ 线性无关，向量 $\boldsymbol{\beta}_1$ 可由 $\boldsymbol{\alpha}_1$，$\boldsymbol{\alpha}_2$，$\boldsymbol{\alpha}_3$ 线性表示，而 $\boldsymbol{\beta}_2$ 不能由 $\boldsymbol{\alpha}_1$，$\boldsymbol{\alpha}_2$，$\boldsymbol{\alpha}_3$ 线性表示，则对任意常数 k，必有(　　).

A. $\boldsymbol{\alpha}_1$，$\boldsymbol{\alpha}_2$，$\boldsymbol{\alpha}_3$，$k\boldsymbol{\beta}_1+\boldsymbol{\beta}_2$ 线性无关　　B. $\boldsymbol{\alpha}_1$，$\boldsymbol{\alpha}_2$，$\boldsymbol{\alpha}_3$，$k\boldsymbol{\beta}_1+\boldsymbol{\beta}_2$ 线性相关

C. $\boldsymbol{\alpha}_1$，$\boldsymbol{\alpha}_2$，$\boldsymbol{\alpha}_3$，$\boldsymbol{\beta}_1+k\boldsymbol{\beta}_2$ 线性无关　　D. $\boldsymbol{\alpha}_1$，$\boldsymbol{\alpha}_2$，$\boldsymbol{\alpha}_3$，$\boldsymbol{\beta}_1+k\boldsymbol{\beta}_2$ 线性相关

8. 设向量组 $\boldsymbol{A}$：$\boldsymbol{\alpha}_1$，$\boldsymbol{\alpha}_2$，…，$\boldsymbol{\alpha}_m$ 线性无关，向量 $\boldsymbol{\beta}_1$ 可由向量组 $\boldsymbol{A}$ 线性表示，而向量 $\boldsymbol{\beta}_2$ 不能由向量组 $\boldsymbol{A}$ 线性表示. 证明：$m+1$ 个向量 $\boldsymbol{\alpha}_1$，$\boldsymbol{\alpha}_2$，…，$\boldsymbol{\alpha}_m$，$l\boldsymbol{\beta}_1+\boldsymbol{\beta}_2$ 必线性无关.

★ 9. 设向量组 $\boldsymbol{\alpha}_1$，$\boldsymbol{\alpha}_2$，$\boldsymbol{\alpha}_3$ 线性无关，且可由向量组 $\boldsymbol{\beta}_1$，$\boldsymbol{\beta}_2$，$\boldsymbol{\beta}_3$ 线性表示，证明：

(1) 向量组 $\boldsymbol{\beta}_1$，$\boldsymbol{\beta}_2$，$\boldsymbol{\beta}_3$ 线性无关；

(2) 向量组 $\boldsymbol{\alpha}_1$，$\boldsymbol{\alpha}_2$，$\boldsymbol{\alpha}_3$ 与 $\boldsymbol{\beta}_1$，$\boldsymbol{\beta}_2$，$\boldsymbol{\beta}_3$ 等价；

(3) 向量组 $\boldsymbol{\alpha}_1$，$\boldsymbol{\alpha}_2$，$\boldsymbol{\alpha}_3$ 中存在某个向量 $\boldsymbol{\alpha}_j$，使得向量组 $\boldsymbol{\alpha}_j$，$\boldsymbol{\beta}_2$，$\boldsymbol{\beta}_3$ 线性无关.

10. 设 $\boldsymbol{\alpha}_1$，$\boldsymbol{\alpha}_2$，…，$\boldsymbol{\alpha}_k$ 是齐次线性方程组 $\boldsymbol{Ax}=\boldsymbol{0}$ 的基础解系，向量 $\boldsymbol{\beta}$ 满足 $\boldsymbol{A\beta}\neq\boldsymbol{0}$，证明：向量组 $\boldsymbol{\alpha}_1+\boldsymbol{\beta}$，$\boldsymbol{\alpha}_2+\boldsymbol{\beta}$，…，$\boldsymbol{\alpha}_k+\boldsymbol{\beta}$，$\boldsymbol{\beta}$ 线性无关.

第四节　线性方程组解的结构

基础训练

一、填空题

1. 设 $\boldsymbol{A}$ 为 n 阶方阵，$R(\boldsymbol{A})=n-3$，且 $\boldsymbol{\alpha}_1$，$\boldsymbol{\alpha}_2$，$\boldsymbol{\alpha}_3$ 是 $\boldsymbol{Ax}=\boldsymbol{0}$ 的三个线性无关的解向量，则 $\boldsymbol{Ax}=\boldsymbol{0}$ 的一个基础解系为__________.

2. 已知 4 阶矩阵 $\boldsymbol{A}$ 的秩 $R(\boldsymbol{A})=3$，则齐次线性方程组 $\boldsymbol{A}^*\boldsymbol{x}=\boldsymbol{0}$ 的基础解系中含__________个解向量.

3. 设三元线性方程组 $\boldsymbol{AX}=\boldsymbol{b}$ 有三个特解 $\boldsymbol{\alpha}_1$，$\boldsymbol{\alpha}_2$，$\boldsymbol{\alpha}_3$，且 $R(\boldsymbol{A})=2$，$\boldsymbol{\alpha}_1+\boldsymbol{\alpha}_2+\boldsymbol{\alpha}_3=(1, 1, 1)^{\mathrm{T}}$，$\boldsymbol{\alpha}_3-\boldsymbol{\alpha}_2=(1, 0, 0)^{\mathrm{T}}$，则 $\boldsymbol{AX}=\boldsymbol{b}$ 的通解为__________.

4. 设 $\boldsymbol{\eta}_1$. $\boldsymbol{\eta}_2$. $\boldsymbol{\eta}_3$ 为 $\boldsymbol{AX}=\boldsymbol{0}$ 的基础解系，则 $\lambda\boldsymbol{\eta}_1-\boldsymbol{\eta}_2$，$\boldsymbol{\eta}_2-\boldsymbol{\eta}_3$，$\boldsymbol{\eta}_3-\boldsymbol{\eta}_1$ 也是 $\boldsymbol{AX}=\boldsymbol{0}$ 的基础解系的充要条件是__________.

二、选择题

1. 设 $\boldsymbol{A}$ 为 $m\times n$ 矩阵，则齐次线性方程组 $\boldsymbol{AX}=\boldsymbol{0}$ 仅有零解的充分条件是(　　).

A. $\boldsymbol{A}$ 的列向量线性无关

B. $\boldsymbol{A}$ 的列向量线性相关

C. $\boldsymbol{A}$ 的行向量线性无关

D. $\boldsymbol{A}$ 的行向量线性相关

2. 已知 $\boldsymbol{\alpha}_1$，$\boldsymbol{\alpha}_2$，$\boldsymbol{\alpha}_3$ 是齐次线性方程组 $\boldsymbol{AX}=\boldsymbol{0}$ 的基础解系，那么基础解系还可以是(　　).

A. $k_1\boldsymbol{\alpha}_1+k_2\boldsymbol{\alpha}_2+k_3\boldsymbol{\alpha}_3$

B. $\boldsymbol{\alpha}_1+\boldsymbol{\alpha}_2$，$\boldsymbol{\alpha}_2+\boldsymbol{\alpha}_3$，$\boldsymbol{\alpha}_3+\boldsymbol{\alpha}_1$

C. $\boldsymbol{\alpha}_1-\boldsymbol{\alpha}_2$，$\boldsymbol{\alpha}_2-\boldsymbol{\alpha}_3$，$\boldsymbol{\alpha}_3-\boldsymbol{\alpha}_1$

D. $\boldsymbol{\alpha}_1$，$\boldsymbol{\alpha}_1-\boldsymbol{\alpha}_2+\boldsymbol{\alpha}_3$，$\boldsymbol{\alpha}_3-\boldsymbol{\alpha}_2$

3. 设 $\boldsymbol{A}$ 为 n 阶矩阵，$R(\boldsymbol{A})=n-3$，且 $\boldsymbol{\alpha}_1$，$\boldsymbol{\alpha}_2$，$\boldsymbol{\alpha}_3$ 是 $\boldsymbol{AX}=\boldsymbol{0}$ 的三个线性无关的解向量，则 $\boldsymbol{AX}=\boldsymbol{0}$ 的基础解系为(　　).

A. $\boldsymbol{\alpha}_1+\boldsymbol{\alpha}_2$，$\boldsymbol{\alpha}_2+\boldsymbol{\alpha}_3$，$\boldsymbol{\alpha}_3+\boldsymbol{\alpha}_1$

B. $\boldsymbol{\alpha}_2-\boldsymbol{\alpha}_1$，$\boldsymbol{\alpha}_3-\boldsymbol{\alpha}_2$，$\boldsymbol{\alpha}_1-\boldsymbol{\alpha}_3$

C. $2\boldsymbol{\alpha}_2-\boldsymbol{\alpha}_1$，$\frac{1}{2}\boldsymbol{\alpha}_3-\boldsymbol{\alpha}_2$，$\boldsymbol{\alpha}_1-\boldsymbol{\alpha}_3$

D. $\boldsymbol{\alpha}_1+\boldsymbol{\alpha}_2+\boldsymbol{\alpha}_3$，$\boldsymbol{\alpha}_3-\boldsymbol{\alpha}_2$，$-\boldsymbol{\alpha}_1-2\boldsymbol{\alpha}_3$

三、计算和证明题

★ 1. λ 取何值时，线性方程组 $\begin{cases}(2\lambda+1)x_1-\lambda x_2+(\lambda+1)x_3=\lambda-1\\(\lambda-2)x_1+(\lambda-1)x_2+(\lambda-2)x_3=\lambda\\(2\lambda-1)x_1+(\lambda-1)x_2+(2\lambda-1)x_3=\lambda\end{cases}$ 有唯一解，无解，无穷多解？且在有无穷多解时求其通解.

★ 2. 设 $\boldsymbol{A}$ 为 3×4 矩阵，$r(\boldsymbol{A})=2$，且已知非齐次线性方程组 $\boldsymbol{Ax}=\boldsymbol{b}$ 的三个解为

$$\boldsymbol{\eta}_1=\begin{pmatrix}1\\-1\\0\\2\end{pmatrix},\quad \boldsymbol{\eta}_2=\begin{pmatrix}2\\1\\-1\\4\end{pmatrix},\quad \boldsymbol{\eta}_3=\begin{pmatrix}4\\5\\-3\\11\end{pmatrix}$$

求：(1) 齐次线性方程组 $\boldsymbol{Ax}=\boldsymbol{0}$ 的通解；

(2) 非齐次线性方程组 $\boldsymbol{Ax}=\boldsymbol{b}$ 的通解.

3. 设$\boldsymbol{A}=(\boldsymbol{\alpha}_1,\boldsymbol{\alpha}_2,\boldsymbol{\alpha}_3,\boldsymbol{\alpha}_4)$为 4 阶方阵，其中$\boldsymbol{\alpha}_1,\boldsymbol{\alpha}_2,\boldsymbol{\alpha}_3,\boldsymbol{\alpha}_4$是 4 维列向量，且$\boldsymbol{\alpha}_1,\boldsymbol{\alpha}_2,\boldsymbol{\alpha}_3$线性无关，$\boldsymbol{\alpha}_4=\boldsymbol{\alpha}_1+\boldsymbol{\alpha}_2+\boldsymbol{\alpha}_3$. 已知向量$\boldsymbol{\beta}=\boldsymbol{\alpha}_1+\boldsymbol{\alpha}_2+\boldsymbol{\alpha}_3+\boldsymbol{\alpha}_4$，试求线性方程组$\boldsymbol{Ax}=\boldsymbol{\beta}$的通解.

4. 设$\boldsymbol{A}$为$m\times n$矩阵，证明存在$n\times s$非零矩阵$\boldsymbol{B}$，使$\boldsymbol{AB}=\boldsymbol{O}$的充分必要条件是$R(\boldsymbol{A})<n$.

能力提升

1. 设方程组 $\begin{cases} a_{11}x_1+a_{12}x_2+a_{13}x_3+a_{14}x_4=0 \\ a_{21}x_1+a_{22}x_2+a_{23}x_3+a_{24}x_4=0 \end{cases}$ 的基础解系是 $(b_{11}, b_{12}, b_{13}, b_{14})^T$ 及 $(b_{21}, b_{22}, b_{23}, b_{24})^T$，则方程组 $\begin{cases} b_{11}x_1+b_{12}x_2+b_{13}x_3+b_{14}x_4=0 \\ b_{21}x_1+b_{22}x_2+b_{23}x_3+b_{24}x_4=0 \end{cases}$ 的基础解系是__________.

2. 已知 $\boldsymbol{A}$ 为 n 阶方阵，$\boldsymbol{\alpha}_1, \boldsymbol{\alpha}_2, \cdots, \boldsymbol{\alpha}_n$ 是 $\boldsymbol{A}$ 的列向量组，$R(\boldsymbol{\alpha}_1, \boldsymbol{\alpha}_2, \cdots, \boldsymbol{\alpha}_{n-1})=n-1$ 且 $|\boldsymbol{A}|=\boldsymbol{0}$，$\boldsymbol{A}^*$ 为 $\boldsymbol{A}$ 的伴随矩阵，则齐次线性方程组 $\boldsymbol{A}^*\boldsymbol{x}=\boldsymbol{0}$ 的通解为__________.

3. 设 $\boldsymbol{\alpha}_1, \boldsymbol{\alpha}_2, \boldsymbol{\alpha}_3, \boldsymbol{\alpha}_4$ 是齐次线性方程组 $\boldsymbol{Ax}=\boldsymbol{0}$ 的一个基础解系，则下列向量组中不再是 $\boldsymbol{Ax}=\boldsymbol{0}$ 的基础解系的是(　　).

A. $\boldsymbol{\alpha}_1, \boldsymbol{\alpha}_1+\boldsymbol{\alpha}_2, \boldsymbol{\alpha}_1+\boldsymbol{\alpha}_2+\boldsymbol{\alpha}_3, \boldsymbol{\alpha}_1+\boldsymbol{\alpha}_2+\boldsymbol{\alpha}_3+\boldsymbol{\alpha}_4$

B. $\boldsymbol{\alpha}_1+\boldsymbol{\alpha}_2, \boldsymbol{\alpha}_2+\boldsymbol{\alpha}_3, \boldsymbol{\alpha}_3+\boldsymbol{\alpha}_4, \boldsymbol{\alpha}_4-\boldsymbol{\alpha}_1$

C. $\boldsymbol{\alpha}_1+\boldsymbol{\alpha}_2, \boldsymbol{\alpha}_2-\boldsymbol{\alpha}_3, \boldsymbol{\alpha}_3+\boldsymbol{\alpha}_4, \boldsymbol{\alpha}_4+\boldsymbol{\alpha}_1$

D. $\boldsymbol{\alpha}_1+\boldsymbol{\alpha}_2, \boldsymbol{\alpha}_2+\boldsymbol{\alpha}_3, \boldsymbol{\alpha}_3+\boldsymbol{\alpha}_4, \boldsymbol{\alpha}_4+\boldsymbol{\alpha}_1$

4. 已知解向量组 $\boldsymbol{\alpha}_1, \boldsymbol{\alpha}_2, \boldsymbol{\alpha}_3, \boldsymbol{\alpha}_4$ 是齐次线性方程组 $\boldsymbol{Ax}=\boldsymbol{0}$ 的基础解系，以下解向量组中，也是 $\boldsymbol{Ax}=0$ 的基础解系的是(　　).

A. $\boldsymbol{\alpha}_1+\boldsymbol{\alpha}_2, \boldsymbol{\alpha}_2+\boldsymbol{\alpha}_3, \boldsymbol{\alpha}_3+\boldsymbol{\alpha}_4, \boldsymbol{\alpha}_4+\boldsymbol{\alpha}_1$

B. $\boldsymbol{\alpha}_1-\boldsymbol{\alpha}_2, \boldsymbol{\alpha}_2-\boldsymbol{\alpha}_3, \boldsymbol{\alpha}_3-\boldsymbol{\alpha}_4, \boldsymbol{\alpha}_4-\boldsymbol{\alpha}_1$

C. $\boldsymbol{\alpha}_1+\boldsymbol{\alpha}_2, \boldsymbol{\alpha}_2+\boldsymbol{\alpha}_3, \boldsymbol{\alpha}_3+\boldsymbol{\alpha}_4, \boldsymbol{\alpha}_4-\boldsymbol{\alpha}_1$

D. $\boldsymbol{\alpha}_1+\boldsymbol{\alpha}_2, \boldsymbol{\alpha}_2+\boldsymbol{\alpha}_3, \boldsymbol{\alpha}_3-\boldsymbol{\alpha}_4, \boldsymbol{\alpha}_4-\boldsymbol{\alpha}_1$

5. 设矩阵 $A=(\boldsymbol{a}_{ij})_{n\times n}$，且 $|\boldsymbol{A}|=0$，$\boldsymbol{A}$ 中元素 a_{ij} 的代数余子式 $A_{ij}\neq 0$，则齐次线性方程组 $\boldsymbol{AX}=\boldsymbol{0}$ 的每一个基础解系中含有(　　)个线性无关的解向量.

A. 1　　B. i　　C. j　　D. n

6. 设 $\boldsymbol{\eta}_0$ 是非齐次线性方程组 $\boldsymbol{AX}=\boldsymbol{b}$ 的一个解，$\boldsymbol{\alpha}_1, \boldsymbol{\alpha}_2, \cdots, \boldsymbol{\alpha}_{n-r}$ 是对应齐次方程组的一个基础解系，证明：$\boldsymbol{\eta}_0, \boldsymbol{\alpha}_1, \boldsymbol{\alpha}_2, \cdots, \boldsymbol{\alpha}_{n-r}$ 线性无关.

7. 设方程组$\begin{cases} a_{11}x_1+\cdots+a_{1n}x_n=0 \\ \vdots \qquad\qquad \vdots \\ a_{n1}x_1+\cdots+a_{nn}x_n=0 \end{cases}$的系数矩阵 $\boldsymbol{A}$ 的秩为 $n-1$，且 A 中某元素 a_{kj} 的代数余子式 $\boldsymbol{A}_{kj}\neq\boldsymbol{0}$，证明 n 维向量$(\boldsymbol{A}_{k1},\boldsymbol{A}_{k2},\cdots,\boldsymbol{A}_{kn})^{\mathrm{T}}$ 是方程组的基础解系.

8. 设矩阵$\boldsymbol{A}_{s\times n}$的秩为$r$，线性方程组$\boldsymbol{AX}=\boldsymbol{b}(\boldsymbol{b}\neq\boldsymbol{0})$有特解$\boldsymbol{\xi}_0$，且$\boldsymbol{AX}=\boldsymbol{0}$的一个基础解系为$\boldsymbol{\xi}_1$，$\boldsymbol{\xi}_2$，…，$\boldsymbol{\xi}_{n-r}$.

证明：

(1)向量$\boldsymbol{\eta}_0=\boldsymbol{\xi}_0$，$\boldsymbol{\eta}_1=\boldsymbol{\xi}_0+\boldsymbol{\xi}_1$，…，$\boldsymbol{\eta}_{n-r}=\boldsymbol{\xi}_0+\boldsymbol{\xi}_{n-r}$是$\boldsymbol{AX}=\boldsymbol{b}$的线性无关的解向量；

(2) $\boldsymbol{\eta}_0$，$\boldsymbol{\eta}_1$，$\boldsymbol{\eta}_2$，…，$\boldsymbol{\eta}_{n-r}$的一切线性组合$k_0\boldsymbol{\eta}_0+k_1\boldsymbol{\eta}_1+\cdots+k_{n-r}\boldsymbol{\eta}_{n-r}$(其中$k_0+k_1+k_2+\cdots+k_{n-r}=1$)是$\boldsymbol{AX}=\boldsymbol{b}$的全部解.

第五章　相似矩阵及二次型

第二节　方阵的特征值与特征向量

基础训练

一、填空题

1. 对于 n 阶矩阵 $\boldsymbol{A}$，若存在数 λ 和 n 维非零列向量 $\boldsymbol{x}$，使得 $\boldsymbol{Ax}=\lambda\boldsymbol{x}$，则 λ 称为 $\boldsymbol{A}$ 的__________，$\boldsymbol{x}$ 称为 $\boldsymbol{A}$ 的对应于 λ 的__________.

2. 设矩阵 $\boldsymbol{A}=\begin{pmatrix}3 & -1\\ -1 & 3\end{pmatrix}$，则根据 $\begin{pmatrix}3 & -1\\ -1 & 3\end{pmatrix}\begin{pmatrix}1\\ 1\end{pmatrix}=2\begin{pmatrix}1\\ 1\end{pmatrix}$，可知 $\boldsymbol{A}$ 必有一个特征值 $\lambda=$__________，必有一个特征向量 $\boldsymbol{\xi}=$__________.

3. 设 $\boldsymbol{A}$ 是 n 阶矩阵，若 $|\boldsymbol{A}+3\boldsymbol{E}|=0$，则 $\boldsymbol{A}$ 必有一个特征值 $\lambda=$__________.

4. 设矩阵 $\boldsymbol{A}=\mathrm{diag}(1, 2, 3)$，则 $\boldsymbol{A}$ 的特征值为__________.

5. 设矩阵 $\boldsymbol{A}$ 可逆，若 λ 是 $\boldsymbol{A}$ 的特征值，则__________是 $\boldsymbol{A}^{-1}$ 的特征值，__________是 $\boldsymbol{A}^*$ 的特征值.

6. 若 λ 是 $\boldsymbol{A}$ 的特征值，则____________________是 $\boldsymbol{A}^2+2\boldsymbol{A}-3\boldsymbol{E}$ 的特征值.

二、判断题

1. 设 $\boldsymbol{A}$ 是 n 阶矩阵，若存在数 λ 和 n 维列向量 $\boldsymbol{x}$，使得 $\boldsymbol{Ax}=\lambda\boldsymbol{x}$，则 λ 是 $\boldsymbol{A}$ 的特征值，$\boldsymbol{x}$ 是 $\boldsymbol{A}$ 的特征向量.　（　　）

2. 设 λ_1，λ_2 是矩阵 $\boldsymbol{A}$ 的两个不同特征值，对应的特征向量分别为 $\boldsymbol{p}_1$，$\boldsymbol{p}_2$，则 $\boldsymbol{p}_1$，$\boldsymbol{p}_2$ 一定线性无关.　（　　）

3. n 阶矩阵 $\boldsymbol{A}$ 可逆的充要条件是 $\boldsymbol{A}$ 的全部特征值都不等于零.　（　　）

三、选择题

1. 设矩阵 $\boldsymbol{A}=\begin{pmatrix}-1 & 1 & 0\\ -4 & 3 & 0\\ 1 & 0 & 2\end{pmatrix}$，若已知 $\boldsymbol{A}$ 的两个特征值 $\lambda_1=\lambda_2=1$，则 $\boldsymbol{A}$ 的第三个特征值 $\lambda_3=$（　　）.

A. 0　　B. 1　　C. 2　　D. 3

2. 设 $\boldsymbol{A}$、$\boldsymbol{B}$ 均是 n 阶非零矩阵，且 $\boldsymbol{BA}=\boldsymbol{O}$，若 1 是 $\boldsymbol{A}$ 的特征值，$\boldsymbol{x}$ 是对应的特征向量，则 $\boldsymbol{B}$ 对应于特征向量 $\boldsymbol{x}$ 的特征值为(　　).

A. 0　　B. 1　　C. -1　　D. 无法确定

3. 已知三阶矩阵 $\boldsymbol{A}$ 的特征值分别为 -1，2，3，则 $|\boldsymbol{A}-2\boldsymbol{E}|=$(　　).

A. 4　　B. 0　　C. -6　　D. 无法确定

四、计算题

1. 求下列矩阵的特征值与特征向量.

(1) $\boldsymbol{A}=\begin{pmatrix} 2 & 0 & 0 \\ 0 & 3 & 2 \\ 0 & 2 & 3 \end{pmatrix}$；

(2) $\boldsymbol{B}=\begin{pmatrix} -1 & 2 & -3 \\ -1 & 2 & -3 \\ 1 & -2 & 3 \end{pmatrix}$.

2. 设矩阵 $\boldsymbol{A}=\begin{pmatrix}3&2&2\\2&3&2\\2&2&3\end{pmatrix}$，计算行列式 $|\boldsymbol{A}^*+2\boldsymbol{E}|$.

3. 设矩阵 $\boldsymbol{A}=\begin{pmatrix}1&2&3\\2&a&3\\3&3&b\end{pmatrix}$ 有特征值 $\lambda_1=-1$，$\lambda_2=0$，λ_3，求参数 a，b 和 λ_3 的值.

★ 4. 设 $\boldsymbol{x}$，$\boldsymbol{y}$ 都是第一个分量非零的 $n(n>2)$ 维列向量，且 $\boldsymbol{x}^{\mathrm{T}}\boldsymbol{y}=3$，求矩阵 $\boldsymbol{B}=\boldsymbol{x}\boldsymbol{y}^{\mathrm{T}}$ 的特征值与特征向量.

能力提升

1. 设 $\boldsymbol{A}$ 为 2 阶矩阵，$\boldsymbol{\alpha}_1$，$\boldsymbol{\alpha}_2$ 是线性无关的二维列向量，$\boldsymbol{A}\boldsymbol{\alpha}_1=\boldsymbol{0}$，$\boldsymbol{A}\boldsymbol{\alpha}_2=2\boldsymbol{\alpha}_1+\boldsymbol{\alpha}_2$，则 $\boldsymbol{A}$ 的非零特征值为__________.

2. 2 阶矩阵 $\boldsymbol{A}$ 有两个不同特征值，$\boldsymbol{\alpha}_1$，$\boldsymbol{\alpha}_2$ 是的线性无关的特征向量，且 $\boldsymbol{A}^2(\boldsymbol{\alpha}_1+\boldsymbol{\alpha}_2)=\boldsymbol{\alpha}_1+\boldsymbol{\alpha}_2$，则 $|\boldsymbol{A}|=$__________.

3. 设 3 阶实对称矩阵 $\boldsymbol{A}$ 的各行元素之和均为 3，向量 $\boldsymbol{\alpha}_1=(-1,2,-1)^{\mathrm{T}}$，$\boldsymbol{\alpha}_2=(0,-1,1)^{\mathrm{T}}$ 是线性方程组则 $\boldsymbol{A}\boldsymbol{x}=\boldsymbol{0}$ 的两个解，求 $\boldsymbol{A}$ 的全部特征值与特征向量.

4．设 $\boldsymbol{A}$ 为 n 阶矩阵，证明 $\boldsymbol{A}^{\mathrm{T}}$ 和 $\boldsymbol{A}$ 的特征值相同.

5．设 $\boldsymbol{A}$、$\boldsymbol{B}$ 均为 n 阶矩阵，证明 $\boldsymbol{AB}$ 和 $\boldsymbol{BA}$ 的特征值相同.

第四节　对称矩阵的对角化

基础训练

一、填空题

1. 实对称矩阵的特征值必为__________数.

2. n 阶实对称矩阵 $\boldsymbol{A}$ 必有__________个线性无关的特征向量.

3. 设 $\boldsymbol{A}$ 为实对称矩阵，则必有正交矩阵 $\boldsymbol{P}$ 和对角矩阵 $\boldsymbol{\Lambda}$，使____________________.

4. 若 λ 是 4 阶实对称矩阵 $\boldsymbol{A}$ 的 3 重特征值，则 λ 对应的线性无关的特征向量一定恰有__________个.

5. 设实对称矩阵 $\boldsymbol{A}$ 满足 $\boldsymbol{A}^3+\boldsymbol{A}^2+\boldsymbol{A}=3\boldsymbol{E}$，则 $A=$____________________.

二、选择题

1. 下列可以作为 2 阶实对称矩阵 $\boldsymbol{A}$ 的不同特征值对应的一组特征向量的是(　　).

A. $\begin{pmatrix}-1\\3\end{pmatrix}$，$\begin{pmatrix}3\\1\end{pmatrix}$

B. $\begin{pmatrix}1\\3\end{pmatrix}$，$\begin{pmatrix}1\\2\end{pmatrix}$

C. $\begin{pmatrix}3\\-3\end{pmatrix}$，$\begin{pmatrix}1\\2\end{pmatrix}$

D. $\begin{pmatrix}-1\\3\end{pmatrix}$，$\begin{pmatrix}0\\0\end{pmatrix}$

2. 下列说法不正确的是(　　).

A. 实对称矩阵一定可以对角化

B. n 阶实对称矩阵 $\boldsymbol{A}$ 必有 n 个线性无关的特征向量

C. n 阶实对称矩阵 $\boldsymbol{A}$ 必有 n 个不同特征值

D. 实对称矩阵不同特征值对应的特征向量一定正交

3. 设矩阵 $\boldsymbol{A}$，$\boldsymbol{B}$ 满足关系式 $\boldsymbol{B}=\boldsymbol{A}\boldsymbol{A}^{\mathrm{T}}$，则下列说法正确的是(　　).

A. 若 $\boldsymbol{A}$ 不可以对角化，则 $\boldsymbol{B}$ 不可以对角化

B. 若 $\boldsymbol{A}$ 可以对角化，则 $\boldsymbol{B}$ 未必可以对角化

C. 无论 $\boldsymbol{A}$ 是否可以对角化，$\boldsymbol{B}$ 都一定可以对角化

D. 无论 $\boldsymbol{A}$ 是否可以对角化，$\boldsymbol{B}$ 都一定不可以对角化

三、计算题

1. 设 3 阶实对称矩阵 $\boldsymbol{A}$ 的特征值为 $\lambda_1=6$，$\lambda_2=\lambda_3=3$，$\lambda_1=6$ 对应的特征向量为 $\boldsymbol{p}=(1,1,1)^{\mathrm{T}}$，求 $\boldsymbol{A}$.

2. 设 $\boldsymbol{A}=\begin{pmatrix}2&1&2\\1&2&2\\2&2&1\end{pmatrix}$，求 $\varphi(\boldsymbol{A})=\boldsymbol{A}^5-3\boldsymbol{A}^4+2\boldsymbol{A}^3$.

能力提升

1. 设 $\boldsymbol{A}$ 为 n 阶实对称矩阵，$\boldsymbol{P}$ 是 n 阶可逆矩阵，已知 n 维向量 $\boldsymbol{\alpha}$ 是 $\boldsymbol{A}$ 的属于特征值 λ 的特征向量，则矩阵 $(\boldsymbol{P}^{-1}\boldsymbol{A}\boldsymbol{P})^{\mathrm{T}}$ 属于特征值 λ 的特征向量是(　　).

A. $\boldsymbol{P}^{-1}\boldsymbol{\alpha}$　　B. $\boldsymbol{P}^{T}\boldsymbol{\alpha}$　　C. $\boldsymbol{P}\boldsymbol{\alpha}$　　D. $(\boldsymbol{P}^{-1})^{\mathrm{T}}\boldsymbol{\alpha}$

2. 设 $\boldsymbol{A}$ 为 3 阶实对称矩阵，$\boldsymbol{R}(\boldsymbol{A})=2$，且 $\boldsymbol{A}\begin{pmatrix}1 & 1\\ 0 & 0\\ -1 & 1\end{pmatrix}=\begin{pmatrix}-1 & 1\\ 0 & 0\\ 1 & 1\end{pmatrix}$，求：

(1) $\boldsymbol{A}$ 的所有特征值与特征向量；

(2) 矩阵 $\boldsymbol{A}$.

第六节　用配方法化二次型成标准形

基础训练

1. 用配方法将下列二次型化为规范形，并写出所用变换的矩阵：

（1）$f=x_1^2+2x_2^2+5x_3^2+2x_1x_2+2x_1x_3+6x_2x_3$；

（2）$f=x_1^2+3x_2^2+5x_3^2+2x_1x_2-4x_1x_3$.

2.用配方法将二次型 $f=x_1x_2+2x_1x_3$ 化为规范形，并写出所用变换的矩阵.